防灾减灾知识服务系统

王卷乐 卜 坤 杨 飞 等 著

中国工程科技知识中心建设项目
中国-巴基斯坦地球科学研究中心 **联合资助**
江苏省地理信息资源开发与利用协同创新中心

U0230526

科学出版社

北 京

内 容 简 介

本书依托联合国教科文组织国际工程科技知识中心防灾减灾知识服务分中心的研发和实践而编写。书中以灾害元数据标准研制为切入点，构建以信息共享和知识服务为核心的防灾减灾知识服务系统，主要内容包括防灾减灾知识服务系统的架构、元数据标准、平台开发、数据资源、在线知识应用和用户服务等。

本书可供从事防灾减灾数据获取、信息处理、产品生产和知识服务的科研人员和技术人员，以及相关学科领域的教师和研究生参考使用。

审图号：GS 京（2022）0393 号

图书在版编目（CIP）数据

防灾减灾知识服务系统 / 王卷乐等著. —北京：科学出版社，2022.9
ISBN 978-7-03-073060-2

Ⅰ. ①防… Ⅱ. ①王… Ⅲ. ①灾害防治－信息系统 Ⅳ. ①X4-39

中国版本图书馆 CIP 数据核字（2022）第 161489 号

责任编辑：彭胜潮 / 责任校对：郝甜甜
责任印制：吴兆东 / 封面设计：图阅社

科 学 出 版 社 出版
北京东黄城根北街 16 号
邮政编码：100717
http://www.sciencep.com
北京建宏印刷有限公司印刷
科学出版社发行 各地新华书店经销
*
2022 年 9 月第 一 版 开本：787×1092 1/16
2024 年 6 月第二次印刷 印张：14 1/4
字数：338 000
定价：145.00 元
（如有印装质量问题，我社负责调换）

前　　言

在全球气候变化和人类活动的双重影响下，近年来自然灾害发生的频率和强度不断增高，灾害损失日益加剧。为了促进全球防灾减灾和可持续发展，联合国于 2015 年 3 月通过了全球减灾领域新的行动框架《2015—2030 年仙台减轻灾害风险框架》（以下简称《仙台框架》）。该框架强调了对灾害数据获取和共享的重视。同年 9 月，联合国正式发布了《2030 年可持续发展议程》（SDGs），涵盖 17 项可持续发展目标（共 169 个子目标），致力于从社会、环境、经济三个维度实现可持续发展。SDGs 中有多项目标和指标涉及防灾减灾。

灾害数据、信息和知识的获取、管理与服务是防灾减灾能力建设的根本。由于对灾害相关信息需求的不断增加，在世界和区域范围内应运而生了许多不同级别的灾害数据库。随着灾害数据的不断积累，灾害数据的管理和利用成为防灾减灾领域研究的重点，目前已建有相关灾害风险评估等平台。如何充分加强灾害数据的集成与共享，并提供知识化的服务，是当前的一个新动向。联合国教科文组织（UNESCO）长期重视在防灾减灾领域的全球合作，并致力于推动防灾减灾的知识共享和服务。伴随着《仙台框架》的实施，UNESCO 期望能够与更多发展中国家在灾害数据标准、灾害防治教育、国家级/区域级灾害数据库等领域加强合作，并在 2015 年年底向依托于中国工程院的国际工程科技知识中心（IKCEST）提出建立防灾减灾知识服务系统的需求。

结合这一综合背景和具体国际合作需求，本书面向 SDGs 和《仙台框架》，以 UNESCO 的防灾减灾使命为驱动，构建以信息共享和知识服务为核心的防灾减灾知识服务系统，以长期为国际组织、政府机构、科研和教育机构、企业和社会公众提供相关信息及专题知识服务。本书以灾害元数据标准研制为切入点，构建了以灾害信息共享和专题知识服务为核心的防灾减灾知识服务系统，实现灾害数据、地图、专家、机构、文献、课件等知识资源集成共享，建成针对地震、洪水、干旱等典型灾害的专题知识服务可视化应用。

本书共分 8 章，由王卷乐负责统稿。第 1 章绪论，主要介绍防灾减灾知识服务相关的国内外进展背景，主要执笔人王卷乐。第 2 章防灾减灾知识服务系统架构，主要包括防灾减灾知识服务系统的使命与愿景、总体系统架构、组织管理机制、总体实施方案，以及相应的平台体系和数据体系，主要执笔人王卷乐、袁月蕾。第 3 章防灾减灾知识服务系统元数据标准，主要包括灾害元数据结构分析、灾害元数据标准内容设计和灾害元数据目录服务工具设计与实现，主要执笔人王卷乐、王玉洁。第 4 章防灾减灾知识服务系统平台开发，主要包括内容管理系统、元数据发布系统、地图发布系统、扩展模块与功能等，主要执笔人卜坤。第 5 章防灾减灾知识服务系统数据资源，主要包括特色数据库、地图资源、课件资源、专家资源、机构资源、教程与科普资源等，主要执笔人王卷乐、杨飞、袁月蕾。第 6 章防灾减灾知识服务系统在线知识应用，主要包括知识服务概述、在线知识应用、典型知识应用，主要执笔人卜坤、王卷乐。第 7 章防灾减灾知识服务系统用户服务，主要包括用户需求调研、用户服务日志、科技脉动推送、国际研讨会、学术访问交流合作，主要执笔人王卷乐、袁月蕾。第 8 章趋势与展望，主要执笔人王卷乐。

感谢中国工程院孙九林院士的长期指导。感谢 UNESCO 国际工程科技知识中心秘书处刘畅、方颖、马颖辰、张晔等老师的指导和支持。感谢防灾减灾知识服务系统团队所有成员的支持和付出。感谢袁月蕾、王玉洁、韩雪华、张敏、周业智、魏海硕、柏永青、严欣荣、吴玉鑫、郑莉、王敬悦、洪梦梦、李琼、郝丽娜、邵亚婷等参与案例编写。

本知识服务系统是国际平台，因此，书中部分插图采用英文平台原图，未做中文化处理。限于专业领域覆盖面和写作能力，书中难免存在不足之处，欢迎批评指正，以便更新时改进。

王卷乐

2022 年 1 月

目　录

第1章 绪 论

1.1 研 究 背 景

在全球气候变化和人类活动的双重影响下,近年来自然灾害发生的频率和强度不断增高,给人类社会造成了巨大的生命和财产损失。2020 年 10 月 12 日,在第 31 个国际减灾日到来之际,联合国减少灾害风险办公室发布了 *Human Cost of Disasters 2000-2019*(UNDRR,2020)。该报告指出,全球自然灾害总数在 21 世纪前 20 年大幅攀升,特别是气候相关灾害数量出现"令人震惊"的增长:2000 年至 2019 年期间,全球共记录 7 348起自然灾害,造成 123 万人死亡,受灾人口总数高达 40 亿,给全球造成经济损失高达2.97 万亿美元。与之相比,全球在 1980 年至 1999 年间报告自然灾害 4 212 起,造成 119万人死亡,受灾总人口超过 30 亿,经济损失总额达 1.63 万亿美元;其中,气候相关灾害数量激增是造成灾害总数上升的主要因素。比利时灾害流行病学研究中心(Centre for Research on the Epidemiology of Disasters,CRED)发布的《2016 年度灾害统计报告》(Guha-Sapir et al.,2017)表明,2006~2016 年期间,全球发生的灾害事件多达 3 764 起,造成全球范围内约 698 270 人丧生,灾害损失达到 2 241 亿美元。其中仅 2016 年就发生自然灾害 342 起,导致 8 733 人丧生,5.694 亿人的生活受到影响,造成损失估计高达 154 亿美元,比 2006~2015 年的平均值高出 12%,是 2006 年以来的最高值。CRED 发布的《2017年自然灾害统计报告》(2018)中统计数据表明,2017 年自然灾害造成的死亡/受灾人数均低于 2007~2016 年的平均值,但其带来的经济损失是过去十年的 2~3 倍,具体情况如表 1.1 所示。由表 1.1 可知,灾害造成损失大幅增加的全球局面仍没有改观。

表 1.1 2007~2017 年自然灾害情况

类型	2007~2016 年均值	2017 年
国家级灾害发生次数/次	354	318
受灾国家数/个	80	73
死亡人数/人	68 302	9 503
受灾人数/万人	21 000	9 600
经济损失/亿美元	153	314

注:除非明确说明,否则流行病和昆虫侵袭将不纳入自然灾害统计范围。

近年来,中国、美国、印度、印度尼西亚和菲律宾是发生自然灾害最频繁的五个国家。2016 年中国发生自然灾害 34 起,比 2006~2015 年全球平均值(29.5 起)高出 15.3%(中华人民共和国民政部,2018)。民政部、国家减灾委员会发布 2017 年全国自然灾害基本情况,指出 2017 年各类自然灾害共造成我国 1.4 亿人次受灾、881 人死亡、98 人失踪及 525.3 万人次紧急转移安置和 170.2 万人次需紧急生活救助；15.3 万间房屋倒塌，31.2 万间严重损坏，126.7 万间一般损坏；农作物受灾面积 1 847.81 万 hm^2，其中绝收 182.67 万 hm^2；直接经济损失 3 018.7 亿元。灾害损失日益加剧，严重阻碍实现可持续发展的进程，灾害的减除和预防已经成为全球共同面临的紧迫课题。

灾害数据作为世界各国进行防灾减灾的基础支撑资源之一，挖掘其潜在价值，对防灾减灾策略的制定和有效实施具有至关重要的作用。随着观测技术、传感网技术等信息采集和传输技术的快速发展，灾害数据日趋多元化，由单一数据源向多源、异构、高复杂度的方向快速发展；并且灾害发生后观测数据量呈指数级增长，专题灾害数据和信息产品逐渐积累，为今后的防灾减灾提供更多基础。然而，与数据获取能力和数据量呈鲜明对比的是，灾害数据的治理能力低下，数据的处理应用与数据的获取能力之间出现严重失衡（Innerebner et al., 2016）。数据处理应用仍然停留在"数据到数据"的阶段，在"数据到知识"的转化上明显不足，对灾害数据的利用率低，仍存在"大数据、小知识"的悖论（李德仁等，2014）。

目前，全球范围内已应时而生了许多国际级、国家级和区域级的灾害数据库，分别在防灾减灾研究和应用的不同领域提供了不同程度的数据和信息服务。同时网络舆情数据中存储了大量的灾害相关信息，能够从中挖掘出有价值的灾害数据。这些灾害数据有体量大、类型繁多、价值密度低、速度快、时效强的特点，其组织、管理、利用和共享成为数据资源管理者和使用者最关注的问题，具体表现如下。

（1）缺乏标准化的灾害资源描述方式。随着灾害数据日益向海量、异构、多源、动态和爆发式增长的方向发展，传统的目录形式已不能有效地支撑大数据量级的灾害数据资源信息的描述、发布和共享，在灾害数据共享方面的瓶颈尤为突显。

（2）缺乏有效的灾害数据管理工具。灾害资源具有综合性和分散性，这些数据以各种不同的形式分散存储，表现为分布在国内外现有的数据中心、野外监测台站、科学家个人以及参差不齐的各类数据库中。这些灾害数据或数据库系统间缺乏一致的数据管理工具，难以实现数据的共享和互操作。

（3）缺乏快捷的灾害知识服务手段。现阶段国际上为公众提供灾害数据知识服务的研究还处于初级探索阶段，缺乏有效的方法来实现灾害数据信息的有效组织和利用。这需要有快捷简便的技术手段支持，以实现灾害知识和产品的快速发现与获取。

1.2　国内外研究进展

1.2.1　灾害数据平台研究进展

灾害数据是指与灾害损失发生相关的各类灾害科学数据的总称，包括观测数据、监测数据、评估模拟数据、统计报告等各种形式的数据，涉及灾害发生前、进行中和发生后整个灾害周期的相关信息（张红月，2018）。灾害数据具有体量（volume）大、种类（variety）多、时效（velocity）强、真伪（veracity）难辨和潜在价值（value）大的"5V"特征，因此也可称为灾害大数据（仇林遥，2017）。灾害数据是防灾减灾政策制定和措施实施的关键依据，而灾害数据管理能够为更好地挖掘其潜在价值奠定基础，其中灾害数据平台是灾害数据管理的主要手段之一。

1. 国际灾害数据平台

联合国灾害管理与应急响应空间信息平台（http: //www.un-spider.org）设有"Links and Resources"栏，汇聚了包括美国国家航空航天局（NASA）、美国国家海洋和大气管理局（NOAA）、美国地质调查局（USGS）等多个机构的灾害数据及软件工具链接。USGS 地震数据库（https: //earthquake.usgs.gov）记录了全球所发生的地震灾害事件及相关数据，提供部分数据资源下载。火灾信息资源管理系统（https: //earthdata.nasa.gov/earthobservation-data/near-real-time/firms）提供 NASA 地球观测数据中的火灾数据浏览与下载。EM-DAT（https: //www.emdat.be）是在世界卫生组织和比利时政府支持下创建的历史灾害数据库，记载有 1900 年至今世界上 22 000 多起大规模灾害发生和影响的基本核心数据，用户可以免费下载灾害相关文献资料。国际山地综合发展中心（ICIMOD）（http: //www.icimod.org）是一个跨区域的政府间知识共享中心，为兴都库什喜马拉雅地区的八个成员国（阿富汗、孟加拉国、不丹、中国、印度、缅甸、尼泊尔和巴基斯坦）提供服务，内容包括历史自然灾害相关信息及科研文献。全球减灾与恢复基金（https: //www. gfdrr.org/en）是一个帮助发展中国家更好地了解自然灾害和气候变化及减少面对自然灾害和气候变化脆弱性的国际组织，为脆弱国家提供技术援助、能力建设和分析工作，以帮助提高恢复力和减少风险。全球风险数据平台（PREVIEW）（http: //preview.grid.unep.ch/）共享有关全球自然灾害风险的空间数据信息，包括历史灾害数据和自然灾害风险指数数据。该平台按灾害类型对数据进行可视化处理，并允许用户下载和提取。GAR 数据风险平台（https: //risk.preventionweb.net/）共享有关全球自然灾害风险的空间数据信息，主要以可视化的方式，对全球各类灾害数据进行展示，并提供数据下载。DesInventar 是一个对公众开放的数据库，采用系统管理方式对不同类型的灾害数据，特别是从全球到各个国家尺度上的灾害特征、影响进行收集，并加以分析。瑞士再保险公司数据库 Sigma 部分数据对公众开放，包含自 1970 年以来约 9 000 起灾情的灾害数据，来源于报纸、直接保险和再保险期刊、出版物及报告。慕尼黑再保险公司灾害数据库 Natcat 主要记录了从 1980 年开始的约 28 000 起全球性的灾损信息，主要来源于保险业、研究机构、政府、联合国、非政府组织等。

2. 国内行业部门灾害数据平台

我国的灾害数据库建设始于 20 世纪 90 年代，这个阶段建设的灾害数据库大多具有灾点查询、灾害分布、文献检索、灾情数据统计等功能。目前，我国初步形成覆盖各灾种的科技创新平台体系，形成了南北地震带、天山地震带公里网格地震应急专门数据库，西部部分省份地质灾害数据库，较为完备的气象观测资料集，依托水文监测站网和干旱监测技术系统的数据集，全国山洪灾害及重点地区洪水风险数据库（张磊等，2019）。国家减灾委主办的国家减灾网（http: //www.ndrcc. org.cn）建有灾害遥感专题平台，提供灾情分布、灾害监测、应急监测等遥感影像数据的可视化浏览。中国地震台网中心建立有地震台网平台（http://news.ceic.ac.cn），实时更新地震灾害数据，并以谷歌地图、百度地图和天地图为底图对数据进行可视化展示。2002年启动的地震科学数据共享项目，建立了集数据整合、共享服务功能于一体的国家地震科学数据中心（http://data.earthquake.cn）。该平台数据按地震探测、监测、调查、实验等分类。中国地震局建立的中国地震科普网（http://www.dizhen.ac.cn）以视频、图片等多媒体方式提供实时地震灾害信息及知识科普。中国地质调查局建有地质云平台（http://geocloud.cgs.gov.cn），设有地质灾害图件栏目。该平台全部资源按图件、科普资料、地质资料、出版物、标准、专利软件等分类共享。水利部建有全国水雨情信息平台（http://xxfb.mwr.cn/），提供全国热点水情图，对洪水、干旱、台风、暴雨等灾害信息实时更新及可视化展示；并设有水情查询栏目，用户可对大江大河、大型水库、重点雨水情等信息进行搜索查看。中国气象局主办的中国兴农网（http://zhfy.xn121.com/）设有灾害预防专栏，提供实时气象灾害信息和气象灾害预警。水利部建有防汛防台知识专栏（http://www.mwr.gov.cn/szs/fxftzl），为用户提供与洪水和台风灾害相关的知识科普。

3. 国内灾害知识服务专业平台

国际工程科技知识中心建有防灾减灾知识服务平台（http://drr.ikcest.org）（韩雪华等，2018；王玉洁等，2018）。该平台持续集成整合中国及周边国家地震、洪水、干旱等自然灾害相关的数据资源，为用户提供数据在线浏览与下载、实时灾害信息和历史灾害事件可视化、防灾减灾经验分享等各类专题应用服务。中国工程科技知识中心建有地震科学专业知识服务系统、地质专业知识服务系统和气象科学专业知识服务系统。地震科学专业知识服务系统（http://earthquake.ckcest.cn）汇集整理地震相关文献资料及地震科学数据，为用户提供数据浏览下载及地震知识科普等服务。地质专业知识服务系统下有地质灾害知识服务应用平台（http://geohazard.geol.ckcest.cn），对地质灾害数据进行了可视化，用户可以自定义年份、地区、地质灾害类别进行检索浏览。气象科学专业知识服务系统（http://meteor.ckcest.cn）汇聚了气象领域基础资料、服务产品、标准规范、前沿资讯、科技文献、领域专家、科普百科等数据资源，为用户提供"一带一路"气象、暴雨灾害、干旱灾害、台风灾害等专题数据访问与服务。

4. 政府综合性数据平台

European Data Portal（https://www.europeandataportal.eu）获取欧洲国家公共数据门户上的公共部门信息元数据，该平台共收集有超过84.3万个数据集的元数据信息，其中与灾害（disaster and hazard）相关的数据集（2 927）占比约为0.3%。Australia Government Data Portal（https://www.aph.gov.au）发布来自于澳大利亚各级政府的公共数据，该平台目前有超过3万个数据集，其中与灾害相关的数据集（384）占比约为1%。America Government Data Portal（https://www.data.gov）发布来自美国政府的公共数据，该平台目前收集约30.3万个数据集，其中与灾害相关的数据集（10 978）占比约为3%。综合来说，国家政府综合性数据平台中灾害数据量占比较小，灾害数据资源不够丰富。

1.2.2 灾害元数据研究进展

1. 自然灾害综合元数据标准

澳大利亚地球科学局参考《地理信息 元数据》《Geographic Information-Metadata》（ISO 19115）中定义的约 300 个元数据元素，选出部分元素进行扩展，形成澳大利亚地学元数据（geoscience Australia metadata）（Bastrakova et al.，2013），并被用于面向社会搜集灾情数据。美国国家航空航天局（NASA）社会经济数据与应用中心（Socioeconomic Data and Applications Center，SEDAC）构建了针对自然灾害热点服务的 42 个灾害相关数据库，采用美国联邦地理数据委员会（Federal Geographic Data Committee，FGDC）发布的数字地理空间元数据内容标准（FGDC content standards for digital geospatial metadata，FGDC- CSDGM）来统一管理灾害数据。Wei 等（2018）基于都柏林核心元数据元素集（Dublin core metadata element set，DCMES）和 FGDC-CSDGM 提出的基于资源描述框架（resource description framework，RDF）的网格服务方法（EU-MEDIN RDF Schema），建立了面向网格的自然灾害元数据数字图书馆系统，用于组织欧洲的自然灾害信息。紧急灾害数据库（EM-DAT）内容包括灾害编码、受影响国名称、灾害类别等 12 个字段信息。EM-DAT 数据库收录的灾害字段信息可作为设计灾害元数据标准的有力参考依据。陈珂等（2013）设计的自然灾害元数据标准，包含 6 个实体、33 个元数据元素、36 个元数据子元素。该元数据标准已应用于长江三角洲地区自然灾害损失数据库的开发，实现相关空间数据的多元化收录和存储。

2. 自然灾害单灾种元数据标准

在应急领域，国外学者 Hassan A. Babaie 等开发了地震标记语言（EarthquakeML），为地震数据的交换提供标准和机制，并提倡开发更强大、更全面的用于地震数据共享的 Seismology Markup Language（SeismML）标准（Hassan，2005）。澳大利亚信息与通信研究中心发布了海啸预警标记语言（TWML）（Iannella et al.，2006）和飓风预警标记语言（CWML）（Sun et al.，2006）。这两个标准均是针对灾害发布公告的，包括灾害的基本信息、监测预警信息、区域信息等主要内容。裘江南等（2012）对 EarthquakeML、TWML 和 CWML 三种标准进行了分析，并从中抽取出现频次多且更具有权威性的共性要素作为应急领域通用的元数据标准的结构要素。该元数据标准包括发布、标识等 6 项核心元数据。

李刚等（2009）提出抗震防灾规划元数据标准（earthquake resistance and hazard prevention plan metadata standard，ERHPPMS），分为核心元数据和专用元数据两部分。其中核心元数据共包含 15 个元数据子集，用户可以在此基础上开发满足自己需求的元数据应用方案，定制成适合特定领域的专用元数据标准。常捷（2010）在科学共享元数据标准基础上，提出地震科学元数据，包括 9 个子集和 31 个核心元数据实体，并根据该元数据建成地震元数据管理原型系统。中国地震局 2010 年发布了《地震现场应急指挥数据共享技术要求》（GB/T 24888—2010），并于 2011 年发布了《地震数据 元数据》

（DB/T 41—2011），该标准包含元数据信息、数据及基本信息等 5 方面内容及 18 个主要元数据实体和 104 个元数据元素，是地震行业数据发布与共享的指导性标准文件。

地质灾害类的元数据标准也有相关研究进展。刘春年等（2014）以泥石流灾害为对象，构建了泥石流灾害应急元数据标准；该标准包括 6 个一级类，可为其他灾害应急元数据描述及管理提供参考。李利（2014）以泥石流灾害为切入点构建了地质灾害应急信息资源元数据标准。该标准从内容、分发等方面描述地质灾害应急信息，建立了由 23 个核心元素组成的核心元数据集。林晶晶等（2015）综合分析地质灾害监测数据的分类和灾害本身特点，设计了 10 个子集和 22 个核心元数据组成的体系结构（data oriented architecture，DOA），制订了地质灾害监测元数据规范。基于 DOA 建立地质灾害信息管理平台，通过数据注册中心（data register center，DRC）以元数据方式管理各种类型的数据，为数据资源的拥有者和使用者提供统一的数据服务，实现了对地质灾害监测数据统一管理和共享。

3. 相关信息领域的元数据标准

都柏林核心（Dublin core）元数据标准具有简单易用的特点，可用于简易描述任何信息资源的元数据标准，包括 15 项核心元数据项。该标准已成为当前电子数据资源领域最具国际性的标准，并被英美等国批准为国家标准。国际标准化组织地理信息技术委员会（ISO/TC211）发布的《地理信息 元数据》（ISO 19115：2003），定义了地理信息元数据元素。该标准分为 14 个包，每个包对应唯一的实体，并建立了一套公共的元数据术语、定义和扩展程序。国家基础地理信息中心根据中国国情对《地理信息 元数据》（ISO 19115：2003）做了少许修改，最终发布符合国家标准定位的《地理信息 数据》（GB/T 19710—2005）。它包括 14 个子集、92 个实体、300 多个元素与 22 个核心元数据元素。王卷乐等（2005）基于国家地球系统科学数据共享网的建设，在继承现有国际、国家标准的原则下，提出地球系统科学数据共享核心元数据。它包括 188 个元数据项，其中核心元数据项为 22 个，并对其进行扩展形成地学数据共享元数据标准框架。中华人民共和国科学技术部 2014 年发布了《科技平台 资源核心元数据》（GB/T 30523—2014），该标准由 7 个元数据元素和 2 个元数据实体构成，规定了科技平台资源核心元数据及其描述方法、核心元数据的扩展类型。

1.2.3　社交媒体灾害数据研究进展

社交媒体（social media）又称社会化媒体，是以 Web 2.0 的思想和技术为基础的互联网应用，以电脑、手机等各种设备作为终端，是公众进行内容创作、情感交流与信息分享的平台，为用户提供能够发布包含文字、图片、视频等内容的功能，并形成了以用户为中心的关系网络。当前国内外的社交媒体平台主要以 Facebook、Twitter、Instagram、新浪微博等为代表。据统计，截至 2019 年 4 月，全球社交媒体用户数量达到近 35 亿，其中98%的社交媒体用户（超过 34 亿人）通过移动设备访问社交平台。Facebook 月活跃用户总数为 24.5 亿，日活跃用户 16.2 亿；新浪微博月活跃用户 4.86 亿，日活跃用户 2.11 亿。

社交媒体数据相较于传统数据具有以下特征：①时效性。微博、Twitter 等社交媒体平台为灾害信息的发布与传播提供了便捷的网络通道。②动态性。随着灾害事件的发生发展，社交媒体信息能够快速随时间的变化进行更新推进，以反映当前灾情及救援工作的进展等情况。③数据量大。当灾害发生时或发生后，大量即时社交媒体信息会在灾中、灾后迅速集聚和蔓延，在信息量、扩散速度、内容形式及应用价值方面日趋呈现大数据特征。④多维度。社交媒体数据具有时间、空间、语义、网络等多种维度。⑤短文本。社交媒体信息内容长度被设定为 140 字以内，用户发布的文本篇幅普遍较短，内容也越来越碎片化。

在灾害管理研究中，社交媒体被广泛应用于增强态势感知和提升灾害应急响应。相关研究主要集中在以下两方面：一是挖掘分析客观的灾害相关信息，如灾害事件检测与跟踪、灾害信息抽取与分析、灾情感知与损失评估等；二是挖掘分析主观的民众行为，如灾害事件下的用户话题抽取、情绪分析、行为建模等。

1. 客观灾害信息的获取与分析

1）灾害事件检测与跟踪

探测灾害事件能够提高态势感知以及对灾害的应急响应能力，进而减少灾害带来的不利影响。国内外有关学者通过对 Twitter、微博等社交媒体数据进行分析和挖掘，研究灾害的实时预警，监测灾害事件发生，掌握事件发生的状况。如 Cameron 等（2012）以 Twitter 为数据源开发了一个突发检测算法来侦测灾害事件，供澳大利亚政府部门进行灾害管理。Pohl 等（2012）以 Flickr 和 YouTube 为数据源，利用基于自组织映射图（self organizing map，SOM）的聚类算法来探测灾害事件。Vieweg 等（2010）以美国 2009 年红河洪水和俄克拉荷马州草地火灾事件为例，从灾害事件发生期间的推文（Tweets）中提取识别相关信息，辅助提升灾害事件下的公正事态感知能力。Crooks 等（2013）将 Twitter 作为一个传感器系统，提取分析地震事件相关推文中的时间与空间信息，快速识别和定位灾害事件的影响区域，对传统数据进行补充并提高对灾害的态势感知能力。白华等（2016）面向微博平台开发灾害事件即时检测系统，利用自然语言处理及文本挖掘技术，对中文灾害微博文本信息进行过滤分类处理，实现地震及风暴灾害的检测。陈梓等（2017）从微博数量、关键词词频以及时空三方面，分析了社交媒体与现实中台风发展进程和受灾情况的关系，发现微博数据与台风发展有相当紧密的关联。Kryvasheyeu 等（2015）基于"友谊悖论"思想，利用社交网络传感器方法，研究了与飓风"桑迪"相关的推文信息以及用户的情感指数，发现用户网络结构中心性的差异可以转化为灾害感知上的优势，而用户地理位置对灾害感知有重要影响。Yin 等（2015）分析了灾害期间的推文文本信息，探索突发性检测、文本过滤与分类、在线聚类、地理标记等文本挖掘和机器学习技术在灾害事件感知方面的应用。

社交媒体在灾害事件检测方面的研究思路主要是将微博、推文等社会化媒体用户看作人体传感器或是社会化传感器，采用自然语言处理、文本挖掘等技术对灾害事件相关信息进行挖掘识别，实现对灾害事件的检测。但仍存在不足之处，例如对于发生在人烟稀少地区的灾害事件，由于没有用户发布相关信息，无法进行感知等。

2）灾害信息获取与分析

基于自然语言处理、机器学习、文本挖掘等方法，很多学者围绕着社交媒体中灾害信息的获取、处理、分析、表达和应用等进行了研究。受灾人群地理位置、用户社区的准确识别能够极大程度地提高对灾害的应急响应。部分学者关注灾害地理空间信息的识别，Gelernter 和 Balaji（2013）结合人工标注与命名实体识别软件对灾害相关的 Twitter 数据中的非标准化位置信息（如缩写地名、歧义地名）进行了地理编码和灾害空间可视化。Bakillah 等（2015）改进了基于语义相似度的聚类算法来检测与识别灾害事件下 Twitter 文本中的空间社区。De 等（2015）探究了洪水灾情与社交媒体数据空间分布间的定量关系以提高灾害相关信息的识别精度，研究发现在洪水发生地附近（10 km 以内）发布的社交媒体信息与洪水灾害有关的概率较高。

灾害信息抽取与分类方面，相关研究通过人工标注、基于规则、基于机器学习等方法，实现对灾害损失数据的抽取和灾情信息分类。Qu 等（2011）采用人工标注的方法将玉树地震相关微博内容分为状况更新（situation updates）、灾害事件相关（general disaster-related）、行动相关（action-related）、情感相关（emotional/social-related）、观点相关（opinion-related）和无关（off-topic）信息等六类，并分析了微博的数量时间变化趋势和转发趋势。杨腾飞等（2018）提出了一种基于特征语义扩展和中文词法搭配关系构建灾损分类知识库来识别和分类微博中蕴含的台风灾损信息的方法。Imran 等（2016）通过人工标注灾害事件期间的 Twitter 数据构建灾害语料库，训练机器学习分类器对灾害期间的 Twitter 文本进行分类并提取灾害相关信息。曹彦波等（2017）获取了九寨沟地震相关微博数据，将灾情信息共分为人的反应、器物反应、房屋破坏、人员伤亡、生命线震害、地震地质灾害、救援行动、震情和其他等 9 类，并分析了微博灾情信息时空演变特征。梁春阳等（2018）结合 LDA（latent Dirichlet allocation）模型和支持向量机模型（support vector machine，SVM）对台风“莫兰蒂”相关微博进行了分类，最终得到“预警信息”“灾情信息”“无关信息”“救援信息”4 个主题。苏凯等（2019）结合 BTM（biterm topic model）和 LDA 模型对台风“海燕”相关推文进行细粒度灾害主题分类，分析了台风过程中菲律宾物资、医疗等需求的需求程度空间分布，为国际救援与救助工作提供数据支撑。

灾情感知与损失评估是将社交媒体数据与传统数据相结合，对灾情及损失进行评估。现有研究许多以洪水为对象，从社交媒体中识别洪水的空间分布、水位高度等数据，同时结合遥感、降水监测等传统数据，实现洪水淹没范围的快速估计。Li 等（2018）以 2015 年美国南卡罗来纳州洪水灾害为例，提出了一种利用 Twitter 数据实时绘制洪水地理空间分布的新方法，提高对洪水灾害的态势感知能力，以支持决策制定。Fohringer 等（2015）提出了一种利用社交媒体数据进行快速洪水绘图的方法。该方法从社交媒体用户发布的照片中获取洪水的量化数据，并将其与已有数据整合，进行洪水快速制图。Brouwer 等（2017）从 Twitter 用户发布的文本和照片中提取洪水相关数据，并结合基础地理数据绘制洪水范围地图，使用蒙特卡罗方法分析地图的不确定性。Rosser 等（2017）融合遥感、社交媒体、地形等多种数据源，建立了一个贝叶斯统计模型来快速估计洪水淹没范围。Cervone 等（2016）在灾害或紧急情况下，通过监控 Twitter 实时数据，融合遥感、社交媒体、路网等多种数据源完成交通基础设施的损坏评估。

2. 灾害事件下民众行为获取分析

在灾害应急管理过程中，从社交媒体内容中挖掘民众对灾害事件的话题看法、情绪、反应等公众行为，准确刻画灾害事件下大规模社交媒体用户的行为模式，是应急救灾的重要决策辅助。文本挖掘、机器学习等技术的快速发展，使得从海量社交媒体数据中获取用户的行为成为可能。现有研究主要分为以下几个方面。

1）民众情绪与情感的分析

借助自然语言处理的方法计算用户微博内容表现出的情感倾向（消极、中级、积极）或情绪指数（指数越高，情绪越乐观），结合社交媒体时间、空间、网络等属性，分析灾害事件下用户情绪情感的时空分布特征、不同阶段的变化特征、地理-社会分布不均性、社交网络传播特征等。Zou 等（2019）以用户关注度（发文比例）和情绪指数为指标，分析了飓风"Harvey"灾前、灾中、灾后等阶段民众行为的地理与社会不均性，发现社会和地理条件较好的社区存在较活跃的社交媒体用户行为。Gruebner 等（2018）从 Twitter 数据中提取了"桑迪"风暴灾前、灾中、灾后纽约市的民众负面情绪，并分析其时空变化特征，发现灾前与灾后的负面情绪成正相关关系。Dahal 等（2019）利用 LDA 话题模型和情感分析模型，从与气候变化相关的 Twitter 数据中进行民众话题抽取和情绪指数计算，并对比了不同国家和不同时期对气候变化讨论的特征。Wang 等（2018b）基于 Twitter 数据分析了民众情绪指数与地震强度、人口流动之间的关系，发现民众情绪水平与地震强度之间存在显著的负相关，相似的民众情绪在地理空间上呈现聚集的特点。Jiang 等（2019）采用标准差椭圆、社交网络构建、自然语言处理等方法，分析了飓风"马修"期间 Twitter 用户的撤离行为与活动空间、社交网络和情绪的关系。Neppalli 等（2017）基于支持向量机（SVM）等方法，将飓风"桑迪"期间的民众情绪分为正面、负面、中性三类，并进行了地理空间可视化以及时空特征分析。

2）民众话题抽取与分析

从社交媒体文本中挖掘灾害事件下用户的话题观点，对其进行统计分析、时空分布特征分析等，增强对灾害情景的感知和舆情的监测。Resch 等（2017）采用 LDA 话题抽取模型，从 Twitter 文本中识别与地震事件相关的话题并进行时空分析，以发现地震灾害的轨迹和评估造成的损失。陈媛媛等（2017）将微博文本语义特征与地理空间结合，利用潜语义分析（latent semantic analysis，LSA）和空间分析等方法，对微博文本进行主题抽取、空间特征分析、聚类分析和热点分析。安璐等（2019）基于 Relevance 公式改进的 LDA 话题模型，研究了突发公共卫生事件各阶段微博话题与用户转发、评论、点赞等各种行为之间的相关关系。Wang 等（2016b）基于核密度分析、文本挖掘、社交网络分析等方法，分析了与野火相关的 Twitter 数据的时空特征、话题分布、转发传播网络，以揭示社交媒体数据在灾害情境感知方面的作用。Wang 等（2016a）以 2012 年北京暴雨为例，提出了一个基于 LDA 话题抽取模型和 SVM 算法的微博文本主题抽取与分类模型，运用空间统计分析和趋势分析方法，分析不同话题的时空分布特征。宗乾进等（2017）采用人工标注的方法，对"8·12"天津爆炸的相关微博内容主题进行划分，并分析了各主题微博数量随时间的变化特征，发现受灾地社交媒体用户更加倾向于表达情感。

3）用户使用社交媒体的动机和传播行为分析

用户使用社交媒体的动机和传播行为是指灾害事件下用户的发文频率、转发、评论、点赞等行为。分析社交媒体用户的使用行为可以发现灾害事件信息的传播特征，为社交媒体在灾害方面的应用提供参考。Preis 等（2013）发现，"桑迪"飓风袭击美国期间，用户上传到 Flickr 网站上的相关图片数量和当时美国新泽西州的大气气压成显著相关关系。Ogie 等（2018）根据灾害期间 Twitter 用户发文的频率，将其划分为 4 种类别，基于发文数量和内容可用性等指标，分析了不同类别用户在灾害期间的参与模式及其信息可靠性水平，为社交媒体在灾害方面的应用提供参考。Maxwell（2012）研究了龙卷风灾害期间社交媒体用户使用 Twitter 的 4 种动机（社会化（交际）、娱乐、状态搜寻、信息）所带来的不同影响。Zhu 等（2011）分析了影响 Twitter 用户转发的 3 个因素（内容、用户社会网络、时间衰减），并以此构建了一个用于预测灾难相关的 Tweets 转发的逻辑回归模型。Houston 等（2015）基于 2012~2013 年期间的文献综述，总结了灾害社交媒体使用的主体及其使用模式。使用主体包括社区、政府、个体、组织以及新闻媒体；使用的模式则根据灾害发生的阶段性（灾害发生前、灾害发生时及灾害发生后的三个阶段）分为 15 种不同的形式。Xu 等（2012）提出了一个混合潜在主题模型来综合突发新闻、社交好友帖子和用户内在兴趣等信息，实现对 Twitter 用户发布行为的全面分析。

4）民众行为的综合性和动态性分析

当前对灾害事件下民众行为的综合性和动态性研究仍存在一定的挑战，部分学者已展开相应的探索研究。在综合性研究方面，Tyshchuk 和 Wallace（2018）从社会学和心理学的角度分析灾害事件下的人类行为，提出了一种基于社交媒体研究人类行为的理论模型，并利用自然语言处理、社交网络分析等理论对组成人类行为的各个要素进行了量化评估。Chae 等（2014）针对社交媒体数据海量、非结构化的特点，提出了一个交互式的社交媒体公众行为时空可视化分析和空间决策支持框架，以辅助灾害疏散规划和灾害管理，包括空间分析、空间决策支持、时间模式分析、异常话题分析、交互式时空可视化等功能。在民众行为动态性方面，王酹等（2015）通过描述突发事件下新浪微博网络的拓扑结构，构建了一个突发事件发生后微博话题变化趋势的预测模型。He 等（2017）将复杂网络的概念方法与大规模社交媒体用户协同行为研究结合，将用户使用的哈希标签作为用户注意力的代表，提出了注意力转移网络模型，把突发事件下群体注意力转移模式的研究转化为对应网络结构变化的研究。Han 等（2018）为处理快速变化的大规模动态社交媒体数据，构建了一个自适应的、随时间变化的、支持元数据的动态主题模型（mDTM）。该方法在微博话题动态挖掘方面表现出了很好的性能。

综上，社交媒体应用于灾害管理的研究主要集中在：一是客观灾害信息的获取与分析方面，包括灾害事件检测、灾害信息抽取与分析、灾情感知与损失评估等方面。研究方法主要采用人工标注、基于规则、基于机器学习等方法实现灾害信息的获取、分类、分析，但是存在数据稀疏性、数据可靠性等方面的问题。二是对主观民众行为的挖掘，包括灾害事件下的民众话题抽取、情感分析、使用动机行为分析等。研究方法主要借助主题模型、情感分析、机器学习等技术获取用户话题、观点、情感等行为信息并进行时空特征分析，但仍存在以下问题：①对灾害事件下民众行为数据模型方面的研究相对较少；②对灾害事件下民众行为的动态性研究不足；③缺乏对灾害事件下民众行为多维度的综合挖掘分析。

1.2.4　知识服务研究进展

1. 知识服务发展历程

大量科学数据的积累催生了多样化的、以数据和信息为主要内容的服务形态，包括数据服务和信息服务。数据服务主要是提供数据资源服务，如数据的存储、使用、迁移等纸质或者实体数据的服务。随着网络技术的发展，信息服务开始被大众推崇和接受。数据提供者利用网络进行信息资源管理，用户通过网络进行信息检索，实现信息传递和获取。与此同时，信息技术的发展也加速了数据产生和积累的速度，呈现知识信息爆炸的状态。然而，传统的信息服务缺乏针对性，用户很难从大众化的搜索结果中获得更直接有用的信息，造成信息的冗余，不仅不能满足用户对数据的具体需求，反而给用户带来更多困扰。因此迫切需要新的数据服务形态去改善现存数据爆炸但是使用率不高的窘态。

自 20 世纪 90 年代末开始，知识服务得到国内研究者的关注，2005 年开始初步形成规模，2011 年之后至今在学术界的关注度一直急速上升。知识服务能提高数据对用户需求的支持层次和力度，提供用户所需的关键性服务，最大限度地实现和提升数据本身的使用价值，让用户充分享受信息技术带来的信息文明。信息服务向知识服务的转变是当今的大趋势，作为信息服务的继承和发展，知识服务必将在不久的将来深刻地影响人类社会的发展进程。知识服务的演变进程如图 1.1 所示。

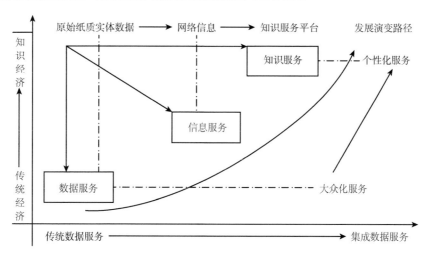

图 1.1　知识服务发展演变图（改自：冯春英和郝媛玲，2012）

率先开展知识服务研究的学科主要集中在图书情报与数字图书馆以及计算机学科。直至近几年，知识服务研究才逐渐普及到各学科和工程技术领域。知识服务是资源从"为我所有"到"为我所用"的根本性变革，急需知识服务理论、方法和技术等方面的创新。现就知识服务在图书情报机构、计算机学科应用方面的调研结果进行分析。

1）图书情报机构知识服务的核心能力

A. 基于分析和基于内容的参考咨询服务模式

知识服务的实践方面有不少成功案例。传统的参考咨询服务模式是在系统页面上设置"咨询台"，如中国科学院文献情报中心-网上咨询台（http://dref.csdl.ac.cn）和全国图书馆参考咨询联盟（http://www.ucdrs.superlib.net/）可提供网络表单、文献、电话和实时在线咨询等多种方式的服务。传统的"咨询台"咨询模式单一且不灵活，难以满足用户不断增长的需求。与传统的"咨询台"相比，"层次化"的参考咨询服务模式，按照用户提出问题的难易程度等标准划分若干咨询组，并匹配具有相应知识的专业咨询人员负责咨询工作，更加人性化和智能化。与此同时，用户在使用参考咨询服务时产生的搜索、查询、阅读、存储等咨询访问痕迹数据，可供图书馆参考咨询人员通过引文分析、聚类分析、专利分析等方法，发现用户咨询的规律，预测用户未来的需求，进而按不同用户的需求提供针对某一具体研究领域或研究问题的数据分析服务。

B. 专业化/个性化推荐服务模式

信息推送服务无疑是图书情报研究机构为科研人员提供专题服务的有效手段。刘崇学提出高校图书馆利用信息技术与科研人员合作，在指定的时间内主动把用户需要的数据推送给用户，具体有频道式、邮件式、网页式、专用式四种推送服务。《中国工程院战略咨询项目信息参考》是中国工程科技知识中心提供的一项信息推送服务。该服务组织专业团队，基于知识中心在工程科技领域积累的数据资源，面向战略咨询研究项目需求，提供信息的搜集、整理、加工、推送服务。目前主要的推荐技术方法为：协同过滤推荐、基于内容的推荐、基于社会标签的推荐、基于社会网络的推荐、基于本体的推荐、混合推荐等。方凌云和王侃（2008）分析了网络自主学习中常见的基于关键词搜索技术的不足，结合分类技术，建立了用户个性化知识需求模型，从而实现基于本体技术的准确的个性化知识推荐服务。胡媛等（2017）从用户关系和知识聚合角度设计服务推送系统，根据用户获取知识的行为和用户的社区关系，进行用户需求提炼与建模，建立用户需求与知识资源的关联关系，进而进行知识和服务的自动个性化推送。

2）计算机学科知识服务应用的核心能力

计算机学科知识服务的研究内容和热点主要集中在知识服务的相关技术方面，包括知识挖掘、知识匹配、知识整合和可视化等相关技术，涉及元数据、数据仓库、数据挖掘、人工智能等多方面的知识。这些技术可以有效支撑知识服务平台的构建。近年来，在信息资源整合方法上，元数据、语义和标准逐渐成研究关注的新热点。美、英等国对21世纪科研环境的设计蓝图，都把信息整合能力与计算能力一并视为知识基础设施的重要组成部分，认为元数据、XML、Web Services、语义网和概念本体等是高级知识管理网格服务的关键。

A. 元数据注册系统研究

元数据注册系统主要有四方面的功能，分别是元数据管理、元数据互操作、元数据开放应用和元数据复用。元数据注册系统根据用户请求的资源种类，从各关联资源库中进行检索、解析、转换，最后以用户选择的格式提供结果。国外已经建立了一些示范性的元数据注册系统，如面向电子商务应用的元数据注册系统（electronic business using extensible markup language registry，ebXML Registry）、面向电子政务应用的美国国家信息定位服务系统（government information locator service，GILS）和英国的国家知识服务元数据注册系统（national knowledge service metadata registry，NKS-MDR）等。国内常用的元数据注册系统有 DC 元数据注册系统的中国镜像系统、中国科学院开发的中国生态元数据管理原型系统以及《信息技术　元数据注册系统（MDR）》（GB/T18391）等。国内学者也对元数据注册系统进行了研究、实践与应用。苗立志等（2010）设计了基于 ISO 19139 和 OGC WMS/CSW 规范的服务集成框架，并应用于 GEOSS AIP 空气质量与健康项目，实现了地理信息服务质量的实时监测和多源异构地理信息数据的在线集成、互操作与可视化（动态模拟），为基于 ISO 标准和 OGC 规范实现地理信息数据/服务的集成应用提供了新思路。

B. 知识图谱

知识地图是知识库管理系统与因特网技术相结合的新型知识管理技术，是利用现代化信息技术制作知识资源总目录及各知识款目之间关系的综合体。知识地图是知识图谱的一种形式，也有学者将两者看成一个概念。知识图谱可以理解为在知识地图基础上，对知识点及知识点间关系的动态演化过程进行数据挖掘，并将挖掘结果以符合业务组织的方式提供知识可视化服务。自 2005 年引用这一概念之后，知识图谱作为新领域，已成为我国学术界的研究热点，并获得长足的发展。CiteSpace 知识可视化软件成为现阶段最流行的知识图谱绘制工具之一。

C. 智能检索系统

元数据搜索引擎技术致力于用不同的方法过滤从其他搜索引擎接收到的相关文档，消除重复信息。用户在输入查询条件后，搜索命令会被同时发送到不同的搜索引擎上，以一致的格式返回检索结果，解决了以往需要用户到每个搜索引擎上逐个搜索信息导致浪费大量时间和精力的问题。与此同时，还有学者提出，将叙词表直接或作为辅助应用到检索系统中。Daniel（2011）通过比较三种检索词推荐方式，提出将叙词表和检索词推荐系统中的词汇相结合，有助于用户检索式的生成和交互式查询扩展的实现。美国北卡罗来纳大学教堂山分校信息与图书馆科学学院元数据研究中心开展了 HIVE 项目，通过汇聚多方提供的跨学科的词表，以实现从多个采用简单知识组织系统（SKOS）编码的受控词表中抽取叙词来实现元数据的自动生成，即选取最合适的概念对资源内容进行标注。

2. 知识服务研究现状

Fayyad 等（1996）提出，知识发现是指从数据集中提取有效的、新颖的、潜在有用的、可理解的模式的特定过程。国外关于知识服务的研究，最初是企业界为了提高经济效益和竞争能力, 后来被引入图书情报领域。1991 年, 原苏联科学院社会科学情报研究所所长维诺格拉多夫提出, 知识的生产与利用将会在整个社会生活的组织中占据中心地位, 利用巨大的科学信息解决具体问题。1997 年美国专业图书馆协会 (Special Libraries Association, SLA) 在 Information Outlook 上设立了专门栏目开展对知识管理的研究探讨。

我国关于知识服务的研究还处于探索阶段, 对知识服务的定义尚未形成统一的认识。张晓林 (2001) 将知识服务定义为以信息知识搜寻、组织、分析、重组的知识创新和服务能力为基础, 根据用户的问题和环境, 参与到用户解决问题的过程中, 提出能够有效支持知识应用和知识创新的服务。戚建林 (2003) 从广义和狭义两个层面定义了知识服务: 广义上的知识服务是指一切为用户提供所需知识的服务; 狭义上则是指以解决用户问题为目标, 对相关知识进行搜集、筛选、研究分析并支持应用的一种较深层次的智力服务。李晓鹏 (2010) 认为, 知识服务是以满足用户需求和知识增值为目标, 提供给用户的信息、知识产品或以知识为主的建议、方案等。

虽然学者们关于知识服务的定义存在差异, 但对于知识服务的特征形成共识, 即知识服务是用户目标驱动的服务, 关注的焦点不是 "用户是否获得了信息", 而是 "是否因为服务而解决了用户的问题"; 是信息管理、知识管理与组织学习综合集成的服务; 是以用户需求为导向、注重与用户交互的服务; 是充分利用各种显性、隐性资源, 进行知识提取和挖掘的知识开发、知识创新等增值性服务; 是信息服务的最高阶段。

知识服务系统是针对工程科技等特定领域, 从专业数据库、数字图书馆、互联网等数据源中持续汇聚各类数字资源形成大数据; 通过自动分析技术或结合专家智慧、群体智慧的半自动分析技术, 抽取信息发现知识, 并为院士和广大工程科技工作者提供咨询、科研等专业级知识服务。一个知识服务系统通常具备以下四大特征: ①拥有可持续增长的多类型数据, 即知识来源; ②支持从文本、图像、视频等非结构化数据中自动或半自动抽取知识单元, 即知识加工; ③建立知识单元之间的链接, 形成知识网络, 支持知识网络的有效表示与使用, 即知识组织; ④为专业用户提供知识服务, 即知识服务。在防灾减灾研究领域, 数据共享是远远不够的, 还要与知识挂钩, 把灾害数据相关的工具、文献等进行关联, 在相应的标准规范支持下形成数字化对象的知识化, 以一种知识所具备的推理能力来进行共享。

1.2.5　灾害知识图谱研究进展

在大数据时代, 各种数据呈指数增长, 人们不再局限于数据的获取, 更倾向于知识服务方面的需求。知识图谱作为一种知识管理的新思路, 不再仅仅局限于搜索引擎 (如微软、百度、搜狗的知立方等)、各种智能系统 (如 IBM Wastom) 以及数据存储 (graph database, neo4j), 也被逐渐应用于地理知识管理 (陆锋等, 2017; 王曙, 2018; 张雪英等, 2020; 蒋秉川等, 2020)、灾害信息管理。OpenKG 是中国中文信息学会语言与知识计算专业委员会所倡导的开放知识图谱社区项目, 指出知识图谱旨在通过建立数据之间的关联链接, 将碎片化的数据有机地组织起来, 让数据更加容易地被人和机器理解与处理, 并为搜索、挖掘、分析等提供便利, 为人工智能的实现提供知识库基础。

1. 问题导向的灾害知识图谱构建研究现状

杜志强等（2020）针对自然灾害数据骤增而应急关键知识明显匮乏的问题，围绕自然灾害事件、灾害应急任务、灾害数据和模型方法四个要素，提出了将自顶向下构建模式层与自底向上构建数据层相结合的自然灾害应急知识图谱构建方法，并以洪涝灾害应急知识图谱为例进行了实验验证，实现了从多源数据到互联知识的转化。李泽荃等（2019）针对灾害场景信息（孕灾环境、致灾因子、承载体和应对措施）复杂的多源异构性，提出了基于知识图谱的灾害场景信息融合方法，并给出了台风灾害场景的信息融合案例，为灾害场景态势感知系统的研发提供借鉴。Wang 等（2018a）提出了一种基于地址树索引的地理知识图谱构造方法，利用现有的知识元素层次和逻辑等语义信息，实现实体消歧和共指消解，具有良好的语义、层次性、逻辑性等特点，实现了灾害知识图谱的增量更新，为灾害新闻信息的更合理利用提供了可能。Purohit 等（2019）针对现有的灾害管理服务信息系统缺乏互操作性，开放数据面临着数据源和格式的异构性、词汇表的不一致性，以及单一来源中的不完整性等挑战，提出了一种基于互操作的灾害知识图谱（disaster KG）表示框架的系统设计方案，主张将传统的知识获取方法与基于深度学习的知识图嵌入方法相结合来高效地构建 disaster KG。Abburu 等（2018）指出，由于结构异构、文档海量、语义空白以及领域知识的缺乏，使得获取完整、正确的灾害信息是一个高要求的挑战，且灾害管理领域缺乏通用词汇是信息集成的主要问题之一，提出了利用领域本体论和自然语言处理（natural language processing，NLP）过程从与各种灾害相关的半结构化文本文档中提取和集成信息的方法。朱庆等（2019）针对广域范围内复杂地理环境中隐蔽的滑坡隐患可靠分析需求，归纳总结了已有的数据驱动和模型驱动两大类滑坡监测数据分析方法的特点与局限，系统深入分析滑坡隐患"孕灾环境-诱发因子境-承灾体"三元素的内涵特征、概念属性及其关联关系，形成滑坡隐患知识图谱，为智能化地精准分析滑坡隐患奠定基础。

2. 面向用户的灾害知识图谱应用研究现状

陶坤旺等（2020）在阐述了知识图谱在一体化综合减灾中能够快速实现多源异构数据的汇聚、建立多领域之间的关系网、高效利用互联网和社交媒体数据等应用的基础上，总结了面向一体化综合减灾的知识图谱构建流程和关键技术，展示了面向九寨沟地震减灾的知识图谱构建过程和结果，并实现了面向不同用户（应急管理用户、普通用户、应急救援用户）的信息智能推送。Li 等（2020）以知识图谱为驱动力，提出了一种面向多级用户的灾难场景按需构建方法，详细讨论了灾害知识图谱的建立、语义关联度的计算和场景内容的优化选择，并以泥石流灾害为例，构建了一个满足多层次用户需求且易于理解的三维灾害场景。Zhang 等（2020）在讨论了用户、场景和数据之间关系特点的基础上，建立了虚拟滑坡灾害环境知识图谱，并引入深度神经网络来挖掘用户历史信息和知识图谱中对象实体之间的关系，提出了一种个性化的滑坡灾害现场数据推荐机制，智能地向不同用户推荐合适的灾害信息和场景数据。GDELT 数据库中的全球知识图谱，记录了每则新闻报道中的事件、数字、人员、位置、主题、情感、相关图像、视频和社交媒体消息等相关信息，可以用于跟踪灾害中的伤亡人数、影响人数等信息，以及分析灾害事件的关联及组织间的交互行为。Rudnik 等（2019）利用知识图谱建立了基于事件的语义搜索引擎，支持针对包括自然灾害在内的重大突发事件的结构化和非结构化知识查询。灾害知识图谱的应用涉及信息智能推送、个性化数据推荐机制、语义搜索引擎等，此外在 COVID-19 疫情中也有一定的应用。陈晓慧等（2020）在解析 COVID-19 病例数据的基础上，构建了 COVID-19 病例活动知识图谱，并对病例传播过程推理、关键节点分析和活动轨迹回溯等层面进行验证，证明了该方法的有效性和可行性。蒋秉川等（2020）基于 COVID-19 确诊患者数据，构建了病患时空信息知识图谱，进行病患类型分析、地区防控态势分析、聚集传染案例分析等，为精准病患防控提供支持。

由以上研究可知，目前灾害知识图谱研究解决的问题包括灾害数据海量、多源、异构、语义空白、缺乏通用词汇以及信息系统互操作性弱等，主要从自然灾害事件-灾害应急任务-灾害数据-模型方法、孕灾环境-诱发因子-承灾体-应对措施等多元素的概念、概念属性及其关系方面来构建灾害知识图谱。但灾害数据散落于各独立部门，难以实现物理上的集成，因此基于灾害数据构建的知识图谱是有限的、不完整的。另外，目前基于知识图谱的灾害信息管理应用研究比较有限，且都是针对某一种灾害进行的知识图谱构建和知识挖掘，有待进一步全面、深入的研究探索。

第2章 防灾减灾知识服务系统架构

2.1 目标与愿景

我国长期受自然灾害的影响，防灾减灾工作持续受到重视。当前我国在防灾减灾信息共享和知识服务方面存在着"五多五少"的典型特点，即权威部门多、政务信息多、国内机构多、宣传介绍多、静态响应多，横向联系少、数据信息少、国际合作少、应用分析少、动态响应少。在防灾减灾国际合作方面，我国缺少基于大数据的深度挖掘、多灾种综合信息的集成分析、国际防灾减灾培训及其英文平台建设，迫切需要建立以国际合作和大数据挖掘为基础的、新型的、全球视野的防灾减灾知识服务系统。

除了国内灾害防治的需求，"一带一路"沿线区域多是地震、干旱、洪水等灾害的高发区域，防灾减灾需求强烈。例如，"一带一路"中蒙俄经济走廊所经的蒙古高原长期受到干旱化的影响；中国-中亚-西亚经济走廊长期受到地震灾害影响；孟中印缅经济走廊长期受到洪水、地震等灾害影响等。加强中国毗邻和周边地区灾害信息的收集、集成，既是我国"一带一路"倡议"走出去"的需要，也是这一区域各国防灾减灾与可持续发展的共同需求。

联合国教科文组织（UNESCO）长期以来重视防灾减灾领域的全球合作，并在其自然科学部中设置有地球科学与地质灾害风险减除部门（Earth Sciences and Geo-Hazards Risk Reduction Section）。依托中国工程院建立的 UNESCO 国际工程科技知识中心（International Knowledge Centre for Engineering Sciences and Technology，IKCEST）把防灾减灾设为其重点领域。UNESCO 寻求与 IKCEST 在防灾减灾方面的密切合作，2015 年末明确提出希望在灾害元数据标准、灾害防治教育平台、发展中国家防灾减灾培训、国家级/区域级灾害数据库建立方法和推广等领域能够与 IKCEST 开展深度合作。在 UNESCO 防灾减灾使命的驱动下，国际工程科技知识中心于 2016 年启动建立了防灾减灾知识服务系统（Disaster Risk Reduction Knowledge Service，DRRKS）。

防灾减灾知识服务系统定位于提供规律性、系统性的知识加工产品及其环境；实现全球防灾减灾数据导航；共享防灾减灾数据资源，服务广大发展中国家；以知识服务为基础进行构建，实现灾害数据、信息和知识的资源连通，以便于知识发现。通过以上知识服务，促进灾害从救援到风险预测、从被动救灾到主动防灾的范式转变（Wang et al.，2019；王卷乐等，2020）。该系统旨在为当前全球防灾减灾提供平台、技术、数据、教育、知识等方面的知识服务，具有以下几个方面的重要意义。

（1）在各国共同面临的灾害威胁和挑战面前，防灾减灾知识服务是 UNESCO 防灾减灾国际合作的共同基础。

（2）各类防灾减灾数据库、基础数据库、产品库、知识库、多媒体信息库等是防灾救灾行动的战略资源，防灾减灾知识服务是灾害数据资源积累的重要载体。

（3）防灾减灾知识服务是 IKCEST 凝聚国际资源的应用示范。

（4）灾害数据库是 IKCEST 服务"一带一路"倡仪的重要支点。

（5）国际工程科技知识中心防灾减灾知识服务系统的建设是 IKCEST 与 UNESCO 实质合作的开端之一，对于不断提高 IKCEST 的国际影响力具有重要作用和实践意义。

防灾减灾知识服务系统的总体建设思路为：

（1）紧扣 IKCEST 与 UNESCO 之间的防灾减灾国际合作协议，面向 UNESCO 整体合作需求，全面提高 IKCEST 支撑工作的贡献度和显示度。针对合作协议内容，整合全球灾害元数据库、构建灾害专题数据库、开发防灾减灾知识服务系统平台、健全防灾减灾制度规范与运维体系建设、拓展防灾减灾知识服务的落地应用、探讨防灾减灾与地球环境的关系、开展国际培训和人才培养、举办防灾减灾知识服务国际研讨会、加强成果积累和宣传等任务，有条不紊地逐项开展工作。

（2）紧扣用户服务和数据资源建设两条主线，充分发挥知识中心的发动机和纽带作用，不断提升资源积累和服务能力。面向用户的服务主线，开展防灾减灾用户需求调研，凝练用户需求，提升知识服务系统的服务能力；面向科学数据资源积累，以资源为主线，通过多种双向互动提升知识服务系统的资源基础。结合我国"一带一路"倡议、防灾减灾等战略需求和国际防灾减灾合作需求，充分积累国际资源，形成多种专题数据和知识应用产品，不断提升服务能力。

2.2　系　统　架　构

防灾减灾知识服务系统（DRRKS）在技术架构上优先采用开放的国际技术标准和开源的 Web 技术，采用"边应用边开发"的迭代开发模式，实现模块化机制按需扩展信息服务平台，使得用户可快速获取各类灾害知识资源和专题知识服务。DRRKS 构建的总体技术方法是以灾害元数据标准研制为突破口，实现以元数据为基础的灾害科学数据库、灾害地图资源、灾害专家库、灾害机构库、灾害事件库、灾害开放分类目录库、灾害信息网络挖掘库、灾害文献库、灾害科普库、灾害视频课件库等知识资源的集成；采用语义网的方法对这些资源进行关联管理，以知识图谱的形式呈现所构建的防灾减灾知识服务网络，提供数据标签和数据产品，具有导航发现、深度搜索、知识重组和可视交互等深度分析功能，以便提高资源检索效率和查询结果准确度，挖掘隐含知识；在开放的平台开发环境下建立防灾减灾知识服务门户（http://drr.ikcest.org），实现地震、干旱、洪水、冰冻雨雪等典型灾害的可视化专题知识服务，促进知识分享、应用、挖掘、传播、交流等整个知识链的良好循环，以及保证长期可持续发展的运维体系，如图 2.1 所示（王卷乐，2020）。

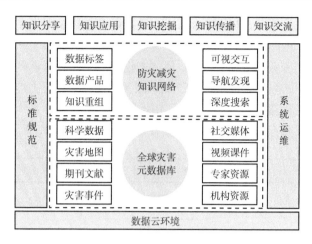

图 2.1　防灾减灾知识服务框架

防灾减灾知识服务系统整体架构如图 2.2 所示。底层的数据资源存储方案采用阿里云模式，构建文件服务器、元数据库服务器、数据库服务器、地图服务器以及用于解析前端用户访问的 Web 服务器。在一系列开放 Web 技术的支持下，实现数据录入、信息发布、权限管理等编辑和运维功能以及地图可视化、文献全文检索、用户行为分析和多灾害专题标签过滤等功能，支撑针对灾害机构分布、灾害地图浏览和防灾减灾专题应用的知识应用功能。

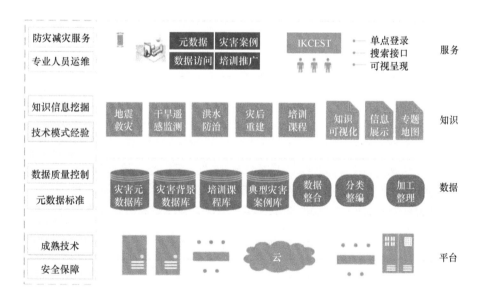

图 2.2　防灾减灾知识服务系统整体架构

专题知识服务是防灾减灾知识服务系统平台重要的服务组织方式之一。知识服务体系围绕目标用户需求和平台特色资源，通过线上线下联动建设特色服务产品，为全球工程科技用户提供有价值的防灾减灾知识服务。服务方式包括对各类灾害知识资源的查询、浏览、下载、分析以及可视化服务，如图 2.3 所示。服务内容包括 3 大类 8 个方面。资源内容类服务包括数据服务、地图服务、机构服务、专家库服务、灾害事件服务等。资源传播类服务包括视频课件培训服务、科普服务等。资源知识类应用服务目前包括全球地震分布可视化地图服务、中国和国际救灾经验的分享知识服务、中国历史灾害地图可视化服务、防灾减灾组织机构知识地图服务、"一带一路"耕地区域干旱水平时空分布知识应用、中国南方森林冰冻雨雪防灾减灾知识应用、中国松辽流域洪水灾害防洪抢险知识应用等。

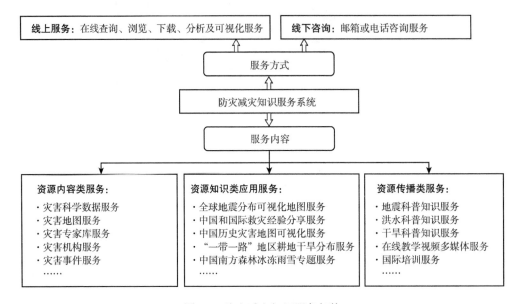

图 2.3　防灾减灾知识服务架构

2.3　数据体系

目前防灾减灾知识服务系统包含多种类型的数据库，主要有地震灾害专题库、干旱专题数据库、洪水灾害专题库、冰冻灾害专题库、高温热浪灾害专题库、生态环境灾害专题库、城市灾害专题库、灾害信息网络挖掘专题库、"一带一路"孕灾环境专题库、孟中印缅经济走廊防灾减灾专题库、中蒙俄经济走廊防灾减灾专题库、防灾减灾地图库、防灾减灾机构库、防灾减灾专家库、视频课件专题库、全球灾害元数据库，具体内容如表 2.1 所示。

表 2.1　防灾减灾数据目录体系

资源名称	摘要
地震灾害专题库	地震灾害专题库描述了中国西南、青藏高原东南部和"一带一路"沿线国家的地震灾害分布情况，主要记录了地震位置、地震等级、地震波覆盖范围等信息
干旱专题数据库	该数据库以热带雨量测量卫星（TRMM）3B43 的降水资料为数据源，采用降水异常百分比干旱模型，获取了 1998～2015 年"一带一路"地区 50°N 以南地区旱情的月时空分布。基于 MODIS-MCD12Q1 数据，提取了 2001～2013 年"一带一路"地区农田的年时空分布，根据旱情和农业用地层数的叠加，获取该地区 156 个月的干旱等级数据；同时获取了 1981～2012 年蒙古国干旱分布数据

续表

资源名称	摘要
洪水灾害专题库	洪水灾害专题库目前已有中国洪水灾害损失、洞庭湖和松辽盆地的基础数据集。中国洪水灾害损失数据集主要包括 2018 年洪水灾害的时间、事件名称、地点、死亡人数、失踪人数、受灾人口、直接经济损失和作物受灾地区等。洞庭湖数据集包括 2013 年的堤垸分布及 1949~1998 年、1998~2008 年和 2008~2013 年的堤垸空间变化。松辽盆地数据集包括地理数据库、水文数据库和洪水灾情数据
冰冻灾害专题库	冰冻灾害专题库主要包括中国南方地区的森林灾害，其中有冰雪灾害、受损森林植被的恢复程度、植被物候、受损植被的空间分布和森林损失评价、受损植被恢复诊断数据及冰雪灾害风险评估数据等
高温热浪灾害专题库	高温热浪灾害专题数据的时间范围为 1989~2019 年，空间范围为南亚-东南亚，由气象站点数据进行计算和插值获得。气象站点数据来自 NOAA，包括气温、风速、降水等数据
生态环境灾害专题库	生态环境灾害专题库目前包括鄱阳湖和三江源区的数据集。鄱阳湖数据集包括 2000~2013 年的悬浮物浓度（SSC）和 2009~2012 年的叶绿素 a 浓度。三江源区数据集包括草地产量的准确估算
城市灾害专题库	城市灾害专题库包括冰冻、雪害、洪涝灾害、旱灾、雾霾灾害、大风沙尘灾害、冰雹灾害、干热高温灾害、雷电灾害、暴雨洪涝灾害等灾害类型。目前通过历史文献调研等方法获得了中国北京、重庆和上海的城市灾害数据
灾害信息网络挖掘专题库	灾害信息网络挖掘专题库主要通过网络文本信息提取构建。网络新闻文本数据源自新浪网，新浪网是中国用户群最大的在线新闻媒体来源。该数据库包括地震、干旱、洪水、台风等灾害数据。数据格式为 Excel。空间范围是中国，时间范围为 2004~2018 年
"一带一路"孕灾环境专题库	"一带一路"孕灾环境专题库包括"一带一路"经济走廊沿线国家和地区的基础信息。该数据集包括三大类，即基本国情、自然资源、政治和经济。具体二级分类数据指标包括地理位置、行政区划、地形、土壤、气候、江河湖泊、环境、土地资源、水资源、森林资源、动物资源、植物资源、能源资源、矿产资源、非金属矿产资源、旅游资源、语言文字、民族、宗教、节日、政治外交、经济、科技、教育、体育、病床密度等
孟中印缅经济走廊防灾减灾专题库	孟中印缅经济走廊防灾减灾专题库关注孟加拉国、中国、印度和缅甸经济走廊沿线的灾害。该数据集是从谷歌新闻、维基百科、紧急事件数据库和参考文档中通过数据爬取、收集和整理获得的，描述了 1981~2018 年孟加拉国、中国、印度和缅甸发生的一些寒潮、热浪、干旱、地震和洪水
中蒙俄经济走廊防灾减灾专题库	中蒙俄经济走廊防灾减灾专题库时间范围为 1980~2015 年，空间范围主要集中在中蒙俄经济走廊地区。该数据库包括蒙古国土地覆盖数据，蒙古高原土地覆盖数据，中俄蒙地区降水、气温和荒漠化数据
防灾减灾地图库	防灾减灾地图库的地图资源灾害类型包括地震、洪水和干旱等。所有地图数据均经过采集、处理、发布和可视化处理。目前，有 500 多张地图供用户浏览和使用
防灾减灾机构库	防灾减灾机构库包括地震、洪涝、干旱等防灾减灾相关领域的组织机构信息。每个数据包括机构名称、国家、网站链接、经纬度信息、简介、相关灾害类型等详细信息
防灾减灾专家库	防灾减灾专家库包括地震、洪涝、干旱等防灾减灾相关领域专家的信息。每个数据包括专家姓名、学科、工作经历、单位、主页、访问链接、国籍等详细信息
视频课件专题库	视频课件专题库主要包括遥感、环境、灾害数据管理与共享、灾害评估等与减灾相关的视频课件资源
全球灾害元数据库	全球灾害元数据库包括灾害专家、灾害机构、灾害事件和其他与灾害有关的元数据信息

2.4　技　术　路　线

防灾减灾知识服务系统的技术路线如图 2.4 所示，主要技术方案措施描述如下。

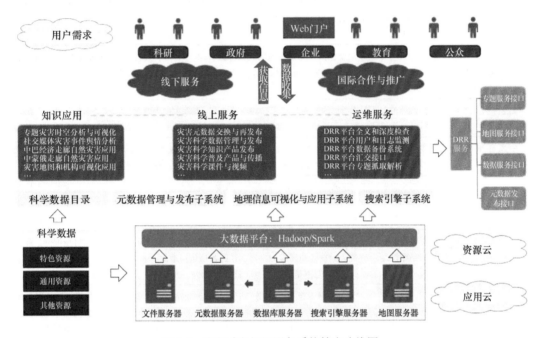

图 2.4　防灾减灾知识服务系统技术路线图

1. 元数据标准规范制定

在灾害核心元数据标准的研究基础上扩展灾害专家库、机构库、视频课件等资源的元数据标准。完善防灾减灾知识服务系统制度规范与运维体系建设，制定防灾减灾数据质量评价规范、防灾减灾数据标识规范、防灾减灾资源文档规范、防灾减灾数据管理技术规范以及防灾减灾开放服务技术规范等。

2. 全球灾害元数据库建设

基于互联网中全球各国建立的与灾害相关的平台和专业数据库，采用网络爬虫技术获取全球的地震、干旱、洪涝、台风、森林火灾、高温热浪等灾害元数据信息，采用自然语言处理、信息抽取等技术，完成灾害元数据信息的分词、过滤、关键词提取等处理，并结合受控词表，完成语义标签提取和灾害元数据分类。根据灾害知识服务的需求，在相关标准体系支持下，建立统一的全球灾害元数据标准，进而建立包括采集、发布、管理、门户等系统的全球灾害元数据库。

3. 大数据获取与分析

网络灾害信息挖掘流程包括：设计灾害信息检索规则，抽取有效的灾害信息网页；

灾害信息网页正文提取；文本分块与分词处理，使文本信息结构化；获取灾害事件相关的时间、位置、属性等信息；对提取地名进行地址匹配，获取地理位置信息；整编和分析获取的灾害信息；为不同地域空间尺度的灾害风险区划提供系统、准确的数据支持。

构建面向灾害大数据资源的垂直搜索引擎，用户可通过输入特定区域或特定灾害关键词对集成的灾害大数据资源进行快速检索，从而直接获取目标位置的历史、现势和未来灾害状况。运用可视化技术对特定区域位置的灾害信息进行处理，以地图、图片、多媒体等多种形式，为用户提供历史灾害情况、当前灾害预警图及未来灾害风险分布图等直观信息。

4. 通用资源建设

参照国际工程科技知识中心有关元数据标准，持续开展灾害专家库、灾害机构库、项目库、报告库等内容建设。这些资源库的结构均符合国际工程科技知识中心的相关标准，也符合本分中心的元数据标准格式，相应的资源也通过信息共享和知识应用工具两种方式向用户开放。同时结合国际工程科技知识总中心的要求，建设全球工程等共性专题资源，促进通用资源的总分一体化和标准化。

5. 平台功能建设

平台功能主要包括：①总分一体化：配合总平台用户行为分析系统的建设和统一日志方案的实施、整理数据并进行数据资源汇交接口等任务的开发、测试。②工具开发：开发 DRR 平台监测工具、DRR 平台数据自动化安全备份工具、灾害 Web 页面抓取与入库工具等系统工具。③模块建设：开发防灾减灾垂直领域搜索引擎、防灾减灾知识服务系统全文检索模块、元数据交换与再发布模块等模块。④开展系统移动端改版、平台整体测试与完善及门户升级工作。⑤知识应用建设：开发中巴经济走廊自然灾害知识应用、全球地震数据库时空分析与可视化知识应用等知识应用。

6. 线下服务与宣传推广

组织"一带一路"地区资源环境科学数据共享国际培训班等线下培训和服务。举办防灾减灾知识服务国际研讨会，邀请国内外专家参加交流。积极参加国内、国际相关学术活动，宣传和推广防灾减灾知识服务系统。

2.5　管理机制

防灾减灾知识服务系统以创新驱动、提高质量、服务发展为指导思想，按照《中国工程科技知识中心专业分中心建设指南（试行）》等管理制度要求对分中心进行建设和管理，并制订了《防灾减灾知识服务系统建设与管理制度》《防灾减灾知识服务系统数据管理规范》《防灾减灾知识服务系统专题服务方案制定规范》《防灾减灾知识服务系统运维手册》等规范。

第3章　防灾减灾知识服务系统元数据标准

3.1　灾害元数据结构剖析

1. 主要灾害元数据标准结构对比分析

本节将详细介绍所调研的自然灾害综合元数据标准、单灾种元数据标准、相关信息领域的元数据标准等三方面的具体标准，并结合相关数据进行分析，为灾害元数据标准规范的设计提供参考和借鉴。

1）综合的自然灾害元数据标准

研究综合的自然灾害元数据标准的内容，分类归纳整理其所包含的元数据元素，统计结果见表 3.1。

表 3.1　综合的自然灾害元数据子集/实体/元素

序号	标准名称	发布时间	发布作者/机构	元数据子集/实体/元素	
1	紧急灾害数据库（EM-DAT）	—	Centre for Research on the Epidemiology of Disasters (CRED)	内容信息： ①灾害编码； ②受影响国名称； ③灾害类别； ④灾害类型； ⑤发生日期； ⑥死亡人数；	⑦失踪人数； ⑧死亡总人数； ⑨受伤人数； ⑩无家可归人数； ⑪影响总人数； ⑫预计财产损失
2	EU-MEDIN RDF Schema	2005 年	Wei Xing 等	标识信息： ①项目合同编号； ②项目首字母缩写词； ③项目任务； ④目的； ⑤大小； ⑥网址链接；	⑦进度； 负责信息 ⑧数据负责方； ⑨作者； ⑩图形 限制信息 ⑪访问限制； ⑫可用性
3	Geoscience Australia Metadata	2013 年	澳大利亚地球科学局	元数据实体集信息： ①元数据文件标识符； ②元数据语种； ③元数据字符集； ④元数据标准名称； ⑤元数据标准版本； ⑥元数据父目录； ⑦元数据层次结构； ⑧元数据层次级别名； ⑨元数据联系人； ⑩元数据创建日期； ⑪数据集统一资源标识符； ⑫参照系统信息 标识信息 ⑬资源标题； ⑭资源日期； ⑮摘要；	⑯资源联系人； ⑰资源维护方； ⑱资源语种； ⑲资源字符集； ⑳数据主题； ㉑资源格式； ㉒空间范围； ㉓时间范围 限制信息 ㉔元数据限制信息； ㉕资源限制信息 数据质量信息 ㉖数据质量信息 数据志 ㉗数据志信息 分布信息 ㉘分布信息

序号	标准名称	发布时间	发布作者/机构	元数据子集/实体/元素		
4	FGDC Content Standards for Digital Geospatial Metadata	1998 年	美国联邦地理数据委员会（FGDC）	标识信息： ①数据质量信息； ②空间数据组织信息； ③空间参照信息；	④实体和属性； ⑤元数据参照； ⑥分布信息	
5	自然灾害元数据标准	2013 年	陈珂等	元数据说明： ①标识符号； ②父数据目录； ③修订日期； ④科学评估日期； ⑤未来评估日期； ⑥修订记录 数据集责任人信息： ⑦数据中心； ⑧源中心； ⑨数据集作者； ⑩技术联系人； ⑪元数据作者	数据集内容描述： ⑫标题； ⑬采集参数； ⑭关键词； ⑮空间属性； ⑯时间属性； ⑰摘要； ⑱数据分辨率； ⑲项目； ⑳存储介质； ㉑数据集语言； ㉒数据集进展； ㉓采集设备	数据集质量描述： ㉔参考文献； ㉕数据集引用； ㉖相关 URL 地址； ㉗质量 发布与使用说明： ㉘查询权限； ㉙使用权限； ㉚分发； ㉛多媒体样本 附加信息： ㉜个人信息； ㉝单位信息

2）自然灾害单灾种元数据标准

自然灾害单灾种元数据标准的内容经分类归纳整理如表 3.2 所示。表 3.2 显示了相关的主要自然灾害单灾种元数据元素。

表 3.2　自然灾害单灾种元数据子集/实体/元素

序号	标准名称	发布时间	发布作者/机构	元数据子集/实体/元素		
1	Earthquake ML	2005 年	Hassan A. Babaie 等	①地震基本信息； ②地震波； ③地震图； ④地震仪；	⑤地震位置； ⑥影响震级； ⑦烈度；	⑧震源机制； ⑨震中； ⑩震源
2	TWML	2006 年	澳大利亚信息与通信技术研究中心	①公告； ②事件评估	③观测资料； ④防范措施；	⑤监测预警； ⑥区域
3	CWML	2006 年	澳大利亚信息与通信技术研究中心	①公告； ②事件评估 ③观测资料；	④防范措施； ⑤监测预警； ⑥区域；	⑦媒体； ⑧威胁信息； ⑨恶劣天气事件
4	应急领域通用元数据标准	2012 年	裘江南等	①消息发布报头； ②事件标识； ③事件演变报告	④危害； ⑤信息资源； ⑥预警	
5	抗震防灾规划元数据标准	2009 年	李刚	①元数据信息； ②标识信息； ③限制信息； ④数据质量信息； ⑤维护信息； ⑥空间表示信息； ⑦参照系信息； ⑧内容信息；	⑨图示表达类目参照信息； ⑩分发信息； ⑪元数据扩展信息； ⑫应用模式信息； ⑬覆盖范围； ⑭引用和负责单位联系信息； ⑮度量单位	

续表

序号	标准名称	发布时间	发布作者/机构	元数据子集/实体/元素		
6	地震数据资源核心元数据	2010年	常捷	元数据信息： ①元数据标识符； ②元数据字符集； ③元数据语种； ④元数据创建时间； ⑤元数据更新时间 数据集基本信息： ⑥数据集标识符； ⑦数据集名称； ⑧数据集摘要； ⑨数据集分类； ⑩关键字；	⑪存档系统； ⑫存档时间； ⑬采样率； ⑭数据归档方式； ⑮数据集联系方； ⑯浏览图 存储信息： ⑰存储介质； ⑱数据格式； ⑲查询方式； ⑳存储地点； ㉑数据格式版本；	㉒存档时间 限制信息： ㉓访问限制； ㉔数据分级 数据质量信息 ㉕原始数据信息； ㉖数据处理信息 内容信息： ㉗数据涉及范围； ㉘数据内容时间范围； ㉙台网； ㉚台站
7	GB/T 24888—2010	2010年	中国地震局	标识信息： ①覆盖范围信息； ②分发信息； ③负责单位信息；	④日期信息； ⑤限制信息 参照系信息 ⑥空间参照系；	⑦时间参照系； ⑧地震数据附加信息； ⑨地震现场调查
8	DB/T 41—2011	2011年	中国地震局	元数据实体信息： ①元数据维护方 标识信息： ②数据集内容描述； ③项目描述；	④观测数据描述； ⑤地震数据分类描述； ⑥关键词说明； ⑦时间标识地理覆盖范围；	⑧垂向覆盖范围； ⑨时间覆盖范围； ⑩数据集负责方 分发信息 ⑪分发方
9	地质灾害应急信息资源元数据标准	2014年	李利	内容信息： ①标题； ②摘要； ③关键词； ④采集参数； ⑤信息分类； ⑥空间属性； ⑦时间属性； ⑧简要说明	负责单位信息： ⑨数据中心； ⑩源中心； ⑪作者； ⑫技术联系人； ⑬相关URL地址； ⑭质量 发布与使用说明信息： ⑮参考文献	⑯查询权限； ⑰使用权限； ⑱分发； ⑲简短说明 元数据说明 ⑳标志符号； ㉑维护方； ㉒维护方地址； ㉓更新日期
10	泥石流灾害应急元数据标准	2011年	刘春年等	①消息发布； ②灾害预警；	③标识信息； ④内容信息；	⑤信息资源 ⑥元数据说明
11	地质灾害监测数据集核心元数据	2015年	林晶晶	标识信息： ①数据集名称； ②数据集日期； ③数据集负责单位； ④数据集语种； ⑤数据集字符集； ⑥数据集专题分类； ⑦数据集摘要 空间信息： ⑧数据集空间分辨率； ⑨数据集地理位置； ⑩数据集覆盖范围补充信息； ⑪空间表示类型； ⑫参照系		元数据基本信息： ⑬元数据创建日期； ⑭元数据标准名称； ⑮元数据标准版本； ⑯元数据文件标识符； ⑰元数据语种； ⑱元数据字符集； ⑲元数据联系方 分发信息 ⑳分发格式； ㉑在线资源 数据质量信息： ㉒数据志

3）相关信息领域的元数据标准

灾害相关的信息领域元数据标准归纳整理如表 3.3 所示。表中展示了相关信息领域的元数据元素。

表 3.3 相关信息领域的元数据子集/实体/元素

序号	标准名称	发布时间	发布作者/机构	元数据子集/实体/元素		
1	都柏林核心元数据标准（DC1.1）	2007 年	OCLC 与 NCSA 联合发起	①题名； ②主题； ③资源描述； ④资源来源； ⑤语言；	⑥相关资源； ⑦覆盖范围； ⑧创作者； ⑨出版者； ⑩其他责任人；	⑪权限管理； ⑫日期； ⑬资源类型； ⑭格式； ⑮资源标识
2	ISO 19115	2003 年	国际标准化组织技术委员会（ISO/TC 211）	①元数据实体集信息； ②标识信息； ③限制信息； ④数据质量信息； ⑤维护信息； ⑥空间表达信息； ⑦参考系信息；	⑧内容信息； ⑨图示目录信息； ⑩分布信息； ⑪元数据扩展信息； ⑫应用模式信息； ⑬扩展信息； ⑭引用和负责人信息	
3	GB/T 19710—2005 ISO 19115: 2003，MOD	2005 年	国家基础地理信息中心	①元数据实体集信； ②元数据文件标识符； ③元数据标准名称； ④元数据标准版本； ⑤元数据采用的语种； ⑥元数据采用的字符集； ⑦元数据联系方； ⑧元数据创建日期； ⑨标识信息； ⑩数据集名称； ⑪数据集引用日期； ⑫数据集负责方；	⑬数据集地理位置； ⑭数据集采用的语种； ⑮数据集采用的字符集； ⑯数据集专题分类； ⑰数据集空间分辨率； ⑱数据集摘要说明； ⑲数据集覆盖范围补充信息； ⑳空间表示类型； ㉑元数据扩展信息； ㉒应用模式信息； ㉓限制信息； ㉔数据质量信息； ㉕数据志；	㉖在线资源； ㉗维护信息； ㉘空间表达信息； ㉙参考系信息； ㉚参照系； ㉛内容信息； ㉜图示目录信息； ㉝分布信息； ㉞分发格式； ㉟扩展信息； ㊱引用和负责人信息
4	地球系统科学数据共享核心元数据标准	2005 年	国家地球科学数据共享平台	①标识信息； ②数据质量信息； ③空间数据表示信息； ④空间参照信息；	⑤内容信息； ⑥分发信息； ⑦数据参考信息；	⑧引用信息； ⑨时间信息； ⑩联系信息

2. 共性元数据标准结构的选取

无论是特定领域还是跨领域的元数据标准都存在值得借鉴的优势和些许不足。根据 3.1 节的分析可知，目前灾害领域元数据标准研究已具有一定的研究基础。由表 3.1～表 3.3 可知，各标准的结构和要素层次不一，并且各标准结构之间存在着交叉重叠。比较上述元数据标准涉及的子集，得出结果如图 3.1 所示。该图展现了这 20 个元数据标准的结构共性。

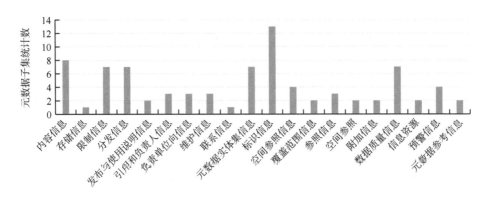

图 3.1 元数据子集出现次数

由图 3.1 可见，本书选取的 20 个元数据标准中子集占比较高的为：标识信息、数据质量信息、内容信息、分发信息、限制信息、元数据实体集信息、空间参照信息等子集。需要说明的是，为保证灾害元数据标准的共享性和互操作性，需在满足本身使用需求的前提下尽可能地与现存标准进行匹配。综合统计分析结果和灾害数据本身的实际需求，部分出现频次较低的子集可作为出现频次较高子集的二级子集存在。如可将存储信息子集归入内容信息，将负责单位信息、维护信息、联系信息归入引用和负责人信息子集中，将空间表示信息归入标识信息中，将预警信息归入标识信息中等，最终形成基础的一级子集。

3. 灾害元数据标准要素选取

对通用标准要素进行全面统计，如表 3.1～表 3.3 所示。对特定领域标准要素进行选择性抽取统计，统计各通用子集所包括的元数据实体和元素出现频次，并根据分析结果汇总出适用于灾害领域元数据标准的要素表，如表 3.4 所示。

表 3.4 元数据标准共性要素

序号	子 集	要 素
1	元数据实体集信息	元数据实体集、元数据文件标识符、元数据语种、元数据字符集、元数据标准名称、元数据标准版本、元数据联系方、元数据创建日期、元数据更新时间、元数父目录
2	内容信息	灾害编码、受影响国名称、灾害类别、灾害类型、发生日期、死亡人数、失踪人数、死亡总人数（死亡加失踪人数）、受伤人数、无家可归人数、影响总人数、预计财产损失
3	标识信息	数据集标题、数据集创建日期、关键字、摘要、数据集语种、数据集字符集、数据专题分类、时间标识、空间表示信息
4	数据质量信息	数据志信息、参考文献、相关 URL 地址、原始数据信息、数据处理信息、度量单位、质量
5	限制信息	访问限制、使用限制、元数据限制信息、数据分级、资源限制信息
6	分发信息	元数据实体集、元数据文件标识符、元数据语种、元数据字符集、元数据标准名称、元数据标准版本、元数据联系方、元数据创建日期、元数据更新时间、元数据父目录

续表

序号	子　集	要　素
7	引用和负责人信息	数据集引用、在线资源、数据负责方、作者、图形、数据中心、源中心、作者、技术联系人、元数据作者
8	元数据扩展信息	元数据扩展信息
9	参照系信息	空间参照系、时间参照系
10	元数据参考信息	元数据语种、元数据标准名称、元数据标准版本、元数据创建时间、元数据最新更新时间

3.2　灾害元数据标准内容设计

本节主要进行灾害元数据标准内容的设计。基于上文对现有灾害元数据标准的分析结果，构建了既符合灾害数据需求又具有通用性的灾害元数据结构框架，并从下面两个层次丰富灾害元数据标准框架的内容：第一层次是灾害核心元数据，是灾害数据集生产者在提供数据时必须提供的元数据信息；第二层次是灾害全集元数据，是详细的灾害数据集描述信息。

3.2.1　灾害元数据结构框架设计

灾害元数据结构框架由元数据实体集信息、标识信息、内容信息、数据质量信息、限制信息、分发信息、元数据参考信息、参照系信息、扩展信息、引用和负责人信息10 个元数据子集组构成，并以此为基础进行元数据实体和元素的确定。本书使用 UML 包表示元数据子集。图 3.2 是灾害元数据结构框架的 UML 包结构。

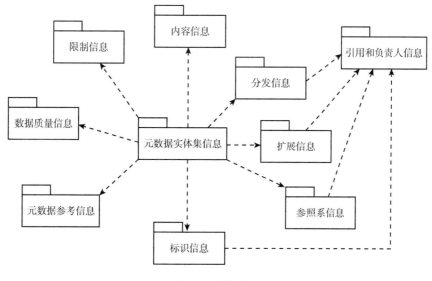

图 3.2　元数据包

灾害元数据包/子集和元数据实体之间的关系如表 3.5 所示。在该表中每个包/子集都有一条相应的条目与之对应，可从其对应的 UML 描述图和数据字典中查看包/子集的详细内容，从 XML Schema 描述中获取可扩展、结构化的灾害元数据信息。

表 3.5　灾害元数据包/子集和元数据实体间的关系

序号	包/子集	实体	数据字典	XML Schema
1	元数据实体集信息	MD_元数据	A1	B1
2	标识信息	MD_标识	A2	B2
3	内容信息	MD_内容	A3	B3
4	数据质量信息	DQ_数据质量	A4	B4
5	限制信息	MD_限制	A5	B5
6	分发信息	MD_分发	A6	B6
7	元数据参考信息	MD_元数据参考	A7	B7
8	参照系信息	MD_参照系	A8	B8
9	扩展信息	MD_扩展	A9	B9
10	引用和负责人信息	CI_引用 CI_负责单位	A10	B10

3.2.2　灾害核心元数据要素设计

灾害核心元数据充分参考了《都柏林核心元数据》《地理信息 元数据》和 ISO 19115 等元数据标准中使用的核心元数据，并根据灾害应用的需求定义了灾种、灾害进程等描述灾害特征信息的元数据元素。本书规定了 30 个灾害核心元数据元素，具体内容如表 3.6 所示。

表 3.6　灾害核心元数据

数据集的标题（M） （MD_元数据>MD_标识.数据集的标题）	空间范围（M） （MD_元数据>MD_标识.覆盖范围>EX.覆盖范围）	数据集缩略图（O） （MD_元数据>MD_标识>MD_缩略图）
数据集的标识符 ID（M） （MD_元数据>MD_标识.所属数据集的标识符 ID）	时间范围（M） （MD_元数据>>MD_标识.覆盖范围>EX.覆盖范围）	数据集关键词（M） （MD_元数据>MD_标识>MD_关键词）
数据集字符集（O） （MD_元数据>MD_标识.字符集）	在线链接（O） （MD_元数据>MD_分发>MD_资源传输方式>CI_联系.在线资源）	数据集的联系信息（M） （MD_元数据>MD_标识.联系信息）
数据集类型（M） （MD_元数据>MD_标识.数据集类型>CI_表达形式）	灾害进程（O） （MD_元数据>MD_标识.灾害进程）	系统唯一标识符（M） （MD_元数据.系统唯一标识符）
数据格式（M） （MD_元数据>MD_标识.数据格式）	灾种（M） （MD_元数据>MD_标识.灾种）	元数据字符集（O） （MD_元数据.字符集）

续表

数据专题类别（M） （MD_元数据＞MD_标识.数据集专题类别）	数据质量报告（O） （MD_元数据＞DQ_数据质量.数据质量报告）	元数据语种（C） （MD_元数据＞MD_元数据参考.元数据语种）
数据集语种（M） （MD_元数据＞MD_标识.语种）	数据志（O） （MD_元数据＞DQ_数据质量＞LI_数据志）	元数据创建时间（M） （MD_元数据＞MD_元数据参考.元数据创建时间）
数据集摘要（M） （MD_元数据＞MD_标识.摘要）	数据集的访问限制（O） （MD_元数据＞MD_标识＞MD_限制信息＞MD_法律限制.访问限制）	元数据标准名称（M） （MD_元数据＞MD_元数据参考.元数据标准名称）
数据集创建时间（M） （MD_元数据＞MD_标识.数据集创建时间）	数据集的使用限制（O） （MD_元数据＞MD_标识＞MD_限制信息＞MD_法律限制.使用限制）	元数据标准版本（M） （MD_元数据＞MD_元数据参考.元数据标准版本）
数据集最后更新时间（M） （MD_元数据＞MD_标识.数据集最后更新时间）	数据集的安全限制分级（O） （MD_元数据＞MD_标识＞MD_限制信息＞MD_安全限制.安全限制分级）	元数据联系信息（M） （MD_元数据＞MD_元数据参考.元数据联系信息＞CI_负责单位）

本书主要用 UML 图和数据字典两种方式描述灾害核心元数据。UML 图对灾害核心元数据中类和元素的属性均做了展示，具体见图 3.3。数据字典中对 UML 图中类和元数据的描述进行了补充说明，见表 3.7。

3.2.3　灾害全集元数据要素设计

1. 元数据实体集信息

元数据实体集信息描述灾害信息的全部元数据信息，用 MD_元数据实体（UML 类）表达。MD_元数据实体包含必选的和可选的元数据实体和元素（UML 属性）。MD_元数据实体是 MD_标识、MD_内容、DQ_数据质量、MD_限制、MD_参照系、MD_分发、MD_元数据参考、MD_扩展等实体的聚集。

1）必选实体

MD_标识、MD_元数据参考。MD_标识是唯一标识资源所需的信息，MD_元数据参考是有关数据集元数据的信息。两实体是唯一存在的。

2）可选实体

MD_内容、MD_扩展、MD_分发、MD_限制、DQ_数据质量、MD_参照系。MD_内容和 MD_扩展等实体不是元数据信息所必需的，根据具体数据的使用需求出现 $0 \sim n$ 次或 $0 \sim 1$ 次。

3）必选元素

系统唯一标识符。该元素是唯一标识元数据的元素，有且仅可出现 1 次。

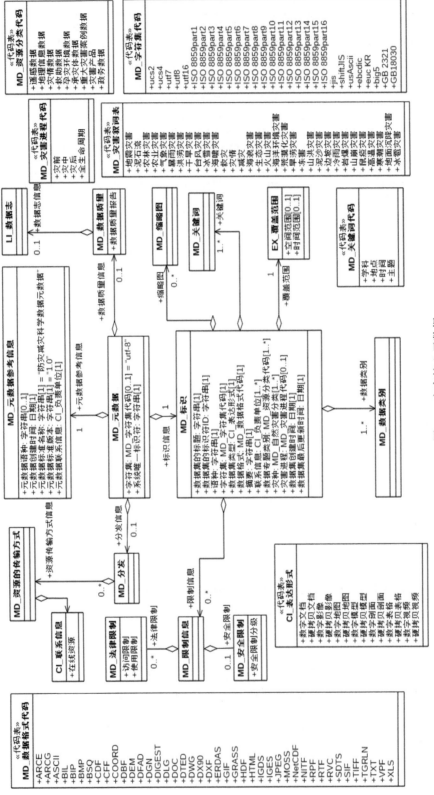

图 3.3 灾害核心元数据

表 3.7 灾害核心元数据的数据字典

序号	名称/角色名	名称/角色名（英文）	缩写名	定义	约束/条件	最大出现次数	数据类型	值域
1	数据集的标题	title	dtTtl	数据集的标题（数据集正式对外公布的全称，数据集的标题必须包括"何处""何事""何时"三个重要信息）	M	1	字符串	自由文本
2	数据集的标识符号 ID	identifier	dtId	所属数据集的标识符 ID	C	1	字符串	自由文本；一般由数字和字母组成，对应于防灾减灾系统中自动生成的五位数据集字符集 XXXXX
3	数据集字符集	characterSet	mdChar	元数据采用的字符编码标准	O	1	类	MD_字符集代码表；默认值 = "utf-8"
4	数据集类型	dataType	dtType	根据数据集的结构或资源特征，对数据集所做的类型划分	M	1	类	MD_数据集类型代码
5	数据格式	dataFormat	dtFormat	数据集或其所包含文件的数据格式	M	1	类	MD_数据格式代码
6	数据集专题类别	dataCategory	dtCat	灾害数据集的类目信息	M	1	类	MD_数据类别
7	数据集语种	language	dtLang	数据集语种（参见 ISO 639-2 中规定的语言代码）	M	1	字符串	ISO 639-2
8	数据集摘要	abstract	dtAbst	数据集摘要	M	1	字符串	自由文本
9	数据集创建时间	dataCreationTime	dtCreaTime	数据集创建的时间（参考 ISO 8601 定义的编码形式）	M	1	日期	日期
10	数据集最后更新时间	dataLastModified	dtLastMod	数据集最新更新时间（参考 ISO 8601 定义的编码形式）	M	1	日期	日期
11	空间范围	spatialCoverage	spatCvr	数据集的时间范围	M	1	字符串	自由文本
12	时间范围	temporalCoverage	tempCvr	数据集的空间范围	M	1	字符串	自由文本
13	在线链接	onLine	onLine	可以获取资源的在线资源信息	O	1	字符串	URL
14	灾害进程	disasterProgress	disProgrs	描述灾害事件的进程信息	O	1	类	MD_灾害进程分类代码

续表

序号	名称/角色名	名称/角色名（英文）	缩写名	定义	约束条件	最大出现次数	数据类型	值域
15	灾种	disasterSpecies	disSpec	描述灾害数据集所提供的灾害种类信息，参考《自然灾害分类与代码》（GB/T 28921—2012）	M	N	类	MD_自然灾害分类
16	数据质量报告	report	dqReport	包括验收、鉴定或各个阶段的质量检查、评估或验收意见	C（当不使用数据志时）	1	字符串	自由文本
17	数据志	LI_lineage	Lineage	关于数据的数据源信息和数据处理步骤设计的相关信息	C（当不使用数据量报告时）	1	类	LI_数据志
18	数据集的访问限制	accessConstraints	accessConsts	为保护知识产权对获取数据集的访问限制或约束	O	N	类	MD_限制代码
19	使用限制	useConstraints	useConsts	使用数据集时涉及隐私权、知识产权的保护或对任何特定的约束、限制或注意事项	O	N	类	MD_限制代码
20	数据集的安全限制分级	classification	class	为了数据安全、国家安全或者类似的安全考虑，对资源或元数据操作限制的名称	M	1	类	MD_安全限制分级代码
21	数据集缩略图	MD_Thumbnail	Thumb	数据集缩略图	O	N	类	MD_缩略图
22	数据集关键词	MD_Keywords	Keywords	数据集关键词	M	N	类	MD_关键词
23	数据集的联系信息	responsibleDepartment	dtrespDepart	对数据集负责的单位或个人	M	N	类	CI_负责单位
24	系统唯一标识符ID	UniversalUniqueIdentifier	UUID	系统唯一标识符	M	1	字符串	自由文本；例如，XX-XXXXXX-XXXX-XXXX-XXXX-XXXXXX，X是0~9或a~f范围内一个十六进制的数字
25	元数据语种	metadataLanguage	mdLang	元数据语种（参见 ISO 639-2 中规定的语言代码）	C（当不采用编码定义时）	1	字符串	ISO 639-2

续表

序号	名称/角色名	名称/角色名（英文）	缩写名	定义	约束条件	最大出现次数	数据类型	值域
26	元数据创建时间	metadatadaCreationTime	mdCreaTime	元数据创建时间（参考 ISO 8601 定义的编码形式）	M	1	日期	日期
27	元数据最新更新时间	metadataLastModified	mdLastMod	元数据最新更新时间（参考 ISO 8601 定义的编码形式）	M	1	日期	日期
28	元数据标准名称	metadatadaStandardName	mdStanName	执行元数据标准的名称	M	1	字符串	自由文本；默认值＝"防灾减灾科学数据元数据"
29	元数据标准版本	metadataStandardVersion	mdStanVers	执行元数据标准的版本号	M	1	字符串	自由文本；默认值＝"1.0"
30	元数据联系信息	metadataContactInformation	mdCntInfo	数据集元数据创建和维护单位联系信息	M	1	类	CI_负责单位

4）条件必选元素

字符集。字符集规定元数据所采用的字符集编码，当不使用字符编码和 utf-8 时，此元素是必选的。

元数据实体集信息的 UML 图如图 3.4 所示。

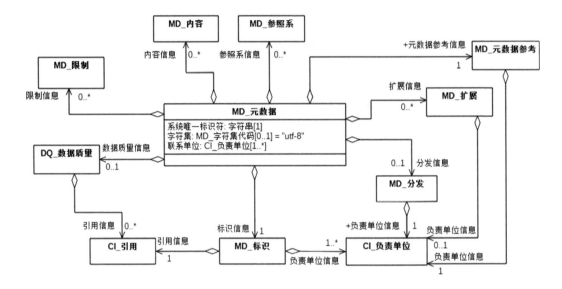

图 3.4　元数据实体集信息

2. 标识信息

标识信息是唯一标识灾害数据的信息，用 MD_标识实体表示。MD_标识分为必选和可选。

1）必选实体

MD_关键词、EX_地理坐标矩形、EX_垂向范围、EX_时间范围、MD_数据类别。MD_关键词和 MD_数据类别是发现和检索数据的重要信息，至少出现 1 次。

2）可选实体

MD_学科主题词、MD_缩略图。

3）必选元素

数据集的标题、所属数据集的标识符 ID、数据集语种、字符集、数据集类型、数据格式、摘要和灾种。数据集的标题和所属数据集的标识符 ID 等信息是唯一标识数据集的元素，至少出现 1 次；灾种是描述灾害数据集的灾害种类信息，是灾害元数据标准特有的元素，可出现 1~n 次。

4）可选元素

灾害进程。灾害进程描述灾害事件的进程信息，可出现 0～1 次。

标识信息的 UML 图如图 3.5 所示。

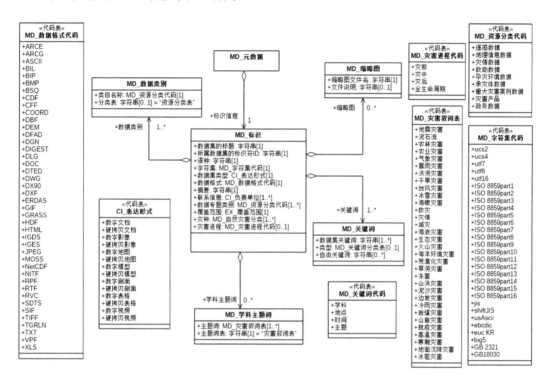

图 3.5　标识信息

3. 内容信息

内容信息是描述灾害数据集内容的信息，用 MD_内容实体表示。其中条件必选元素有：图层名称、影像/栅格内容描述。仅当使用图层结构的数据集或栅格/影响数据集时，两元素是必选的。内容信息的 UML 图如图 3.6 所示。

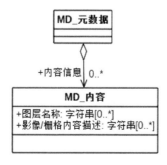

图 3.6　内容信息

4. 数据质量信息

数据质量信息定义了进行资源质量评价所需的元数据，用 DQ_数据质量实体表示。DQ_数据质量实体包含必选、条件必选和可选的元数据元素，其中：

DQ_数据质量实体由 LI_数据志（条件必选实体）和数据质量报告（条件必选元素）组成。当不使用数据质量报告元素时，LI_数据志必选且最大可出现 1 次；当不使用 LI_数据志时，数据质量报告必选且最大可出现 1 次。

LI_数据志由 LI_数据源（条件必选实体）和 LI_处理步骤（条件必选实体）组成。当不使用 LI_处理步骤时，LI_数据源必选且最大可出现 n 次；当不使用 LI_数据源时，LI_处理步骤必选且最大可出现 n 次。

数据质量信息的 UML 图如图 3.7 所示。

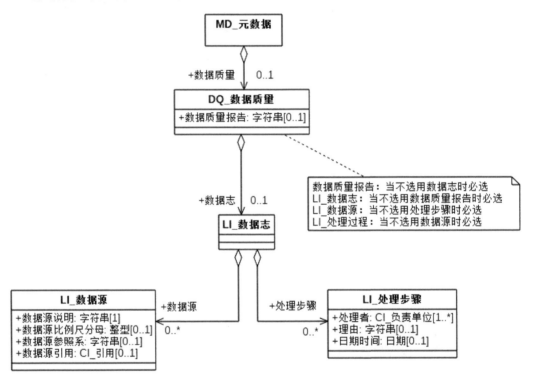

图 3.7　数据质量信息

5. 限制信息

限制信息定义管理信息产权，用 MD_限制实体表示。MD_限制实体包括访问和使用限制所需的元数据，由 MD_安全限制、MD_法律限制两个可选实体组成。

MD_安全限制由安全限制分级必选元素组成，是为数据安全、国家安全或类似安全，对资源或元数据操作的限制，有且仅出现 1 次。

MD_法律限制实体由访问限制（代码表）、使用限制（代码表）两个可选元素和其他限制（条件可选）元素组成。访问限制和使用限制可根据数据集的实际需求出现 $0\sim n$

次。当不使用访问限制和使用限制时，其他限制元素必选且可出现 0～n 次。

限制质量信息的 UML 图如图 3.8 所示。

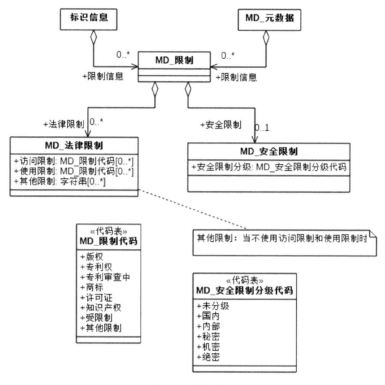

图 3.8 限制信息

6. 分发信息

分发信息描述有关数据集的分发和获取数据的方法，定义访问灾害资源所需的元数据，用 MD_分发实体表示。

1）可选实体

MD_资源传输方式、MD_格式。MD_资源传输方式实体由分发单元、传输量、在线、离线四个可选元素组成；MD_格式实体由格式名称、版本两个必选元素和规范、文件解压缩技术两个可选实体组成。

2）必选元素

分发方。元数据的分发方是唯一存在的，仅出现 1 次。

分发信息的 UML 图如图 3.9 所示。

7. 元数据参考信息

元数据参考信息描述有关数据集元数据的信息，用 MD_元数据参考实体表示。MD_元数据参考实体由必选和可选的元数据元素集成。

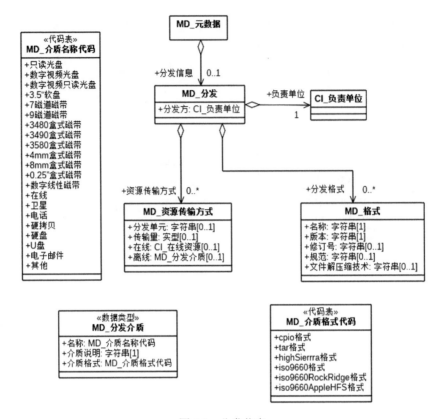

图 3.9　分发信息

1) 必选元素

元数据创建时间、元数据最新更新时间、元数据标准名称、元数据标准版本、元数据联系信息。

2) 可选元素

元数据语种。元数据的语种可参见 ISO 639-2 中规定的语言代码。当不使用代码表示时元数据语种元素必选，有且仅出现 1 次。

元数据参考信息的 UML 图如图 3.10 所示。

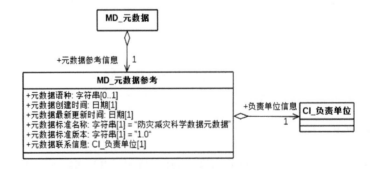

图 3.10　元数据参考信息

8. 参照系信息

参照系信息是对灾害数据资源所使用的空间和事件参照系的说明，用 MD_参照系实体表示。SI_基于地理标识符的空间参照和 MD_坐标参照系是 MD_参照系实体的子类（特化类），继承了其所有属性特征。

1）条件必选实体

SI_基于地理标识符的空间参照。当采用基于地理空间标识的空间参照系时，SI_基于地理标识符的空间参照必选且最大出现 1 次。

2）可选实体

MD_坐标参照系。MD_坐标参照系是 MD_参照系实体的子类，同时又由 SC_大地坐标参照系和 SC_垂向坐标参照系两个子类继承。SC_大地坐标参照系由参照系名（必选元素）和投影、椭球体、基准 3 个可选元素组成；SC_垂向坐标参照系由垂向坐标系名称（必选元素）组成。

3）可选元素

时间参照。时间参照是对灾害资源所使用的时间参照信息的说明，它不是元数据信息所必需的，根据具体数据的使用需求出现 0~1 次。

参照系信息的 UML 图如图 3.11 所示。

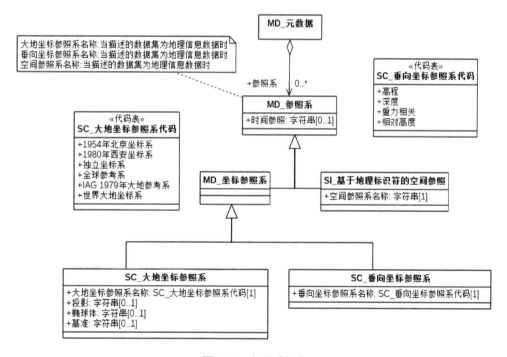

图 3.11　参照系信息

9. 扩展信息

扩展信息包含有关用户定义的扩展信息，用 MD_扩展实体表示。MD_扩展信息由 MD_扩展元素信息实体和扩展在线资源元素集成。

1）可选实体

MD_扩展元素信息。MD_扩展元素信息由名称、定义、数据类型、父实体、规则、来源六个必选元素，缩写名、约束条件、条件、最大出现次数、值域五个条件必选元素和理由（可选元素）组成。进行扩展时，必须指出扩展实体/元素的名称和父实体等信息；同时对多个父实体进行扩展时，该元素最大可出现 n 次。

2）可选元素

扩展在线资源。扩展元素的在线资源信息是唯一的，最大可出现 1 次。

扩展信息的 UML 图如图 3.12 所示。

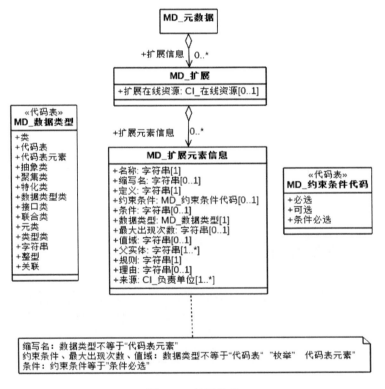

图 3.12　扩展信息

10. 引用和负责人信息

引用信息和负责人信息属于数据类型，是可以重复使用的公用信息实体，不单独使用。引用信息用 CI_引用实体表示，负责单位联系信息用 CI_负责单位实体表示。

CI_引用实体包括必选和可选的元素，介绍如下。

1）必选元素

名称、日期。名称和日期具有唯一性，有且仅可出现 1 次。

2）可选元素

版本、版本日期、引用资料的负责单位、表达形式、国际标准书号、国际标准系列号。版本、版本日期等元素并非必须提供的元数据信息，可根据具体数据需求出现 $0\sim n$ 次或 $0\sim1$ 次。

CI_负责单位实体有必选和可选的元素，介绍如下。

1）必选元素

职责。职责信息表示负责单位或个人的职责具有唯一性，有且仅可出现 1 次。

2）可选元素

负责单位名、负责人姓名、职务、联系、在线资源。在实际使用数据过程中，部分数据集并未提供较具体的负责单位名和负责人姓名等信息，因此在设计元数据标准时将这些元数据设为可选，可根据具体数据需求出现 $0\sim1$ 次。

引用和负责人信息的 UML 图如图 3.13 所示。

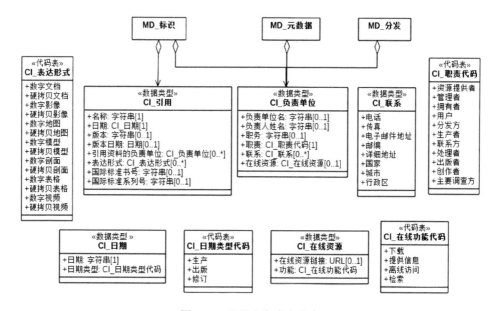

图 3.13　引用和负责人信息

11. 覆盖范围信息

覆盖范围信息定义和描述资源覆盖的空间和时间的元数据，用 EX_覆盖范围实体表示,属于数据类型信息,在这里并不作为元数据子集看待。EX_覆盖范围实体由 3 个可选实体和 1 个条件必选元素组成,介绍如下。

1)必选实体

EX_时间覆盖范围。EX_时间覆盖范围描述数据集内容的时间或时间段信息,具有唯一性,有且仅出现 1 次。

2)条件必选实体

EX_地理覆盖范围、EX_垂向覆盖范围。当有高程或深度信息时,EX_垂向覆盖范围必选,有且仅出现 1 次。EX_地理覆盖范围由地理标识符(必选元素)和 EX_地理边界矩形(条件必选实体)组成;EX_时间覆盖范围由 TM_时刻、TM_时段两个特化类组成。

3)条件必选元素

描述。描述元素是对覆盖范围的一般描述。当不选用 EX_地理覆盖范围、EX_垂向覆盖范围和 EX_时间覆盖范围时,描述元素必选。

覆盖范围信息的 UML 图如图 3.14 所示。

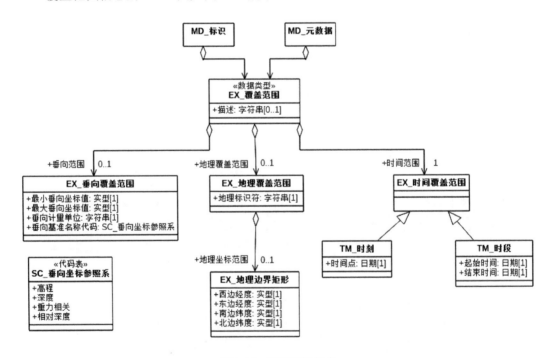

图 3.14　覆盖范围信息

3.3　灾害元数据目录服务工具设计与实现

利用基于 OGC CSW(Open Geospatial Consortium Catalogue Services for the Web)标

准的开源软件 pycsw 设计灾害元数据目录服务工具，提供灾害信息目录服务。重点对 pycsw 元数据交换共享工具支持的标准和操作进行研究，以灾害元数据目录服务工具的建设为实践，探讨了 pycsw 应用于灾害元数据管理的可行性及相关技术。

3.3.1　灾害元数据目录服务工具总体结构

灾害元数据目录服务工具的核心部件是 pycsw 元数据服务器和灾害元数据服务器。首先，建立灾害元数据库，将离线灾害元数据信息存储入库，该灾害元数据库支持用户对灾害元数据的编辑、浏览与数据下载等操作；其次，通过主动发布和被 pycsw 收割两种方式，将灾害数据库中的元数据存储到 pycsw 云数据库中，建立 pycsw 元数据服务器和灾害元数据服务器之间的互通。pycsw 元数据服务器作为灾害元数据管理系统的目录服务工具，负责汇聚和收割其元数据目录服务框架中其他分中心的元数据，提供灾害元数据目录服务。将 pycsw 云数据库作为灾害元数据管理系统的远程灾害数据库，可根据用户发出的检索请求，查询 pycsw 云数据库中的相关元数据，返回用户所需的元数据。灾害元数据管理系统的总体结构框架如图 3.15 所示。框架中的具体内容将在下面展示。

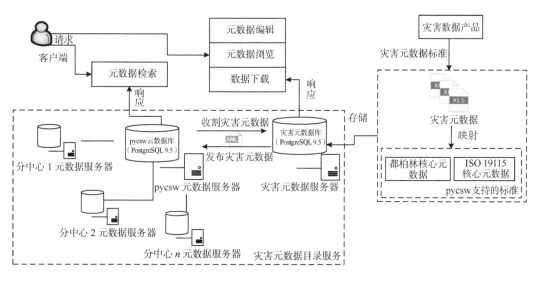

图 3.15　灾害元数据目录服务工具的总体结构

3.3.2　灾害元数据目录服务工具设计

1. pycsw 安装与配置

pycsw 的安装及使用依托于 Python 语言。Python 语言是一种面向对象的直译式的计算机程序设计语言，其特点是语法独特和简洁。它可以借助扩展模块轻松地完成复杂的编程。作为脚本语言，Python 非常灵活，一般不需要程序员对脚本显式编译，它可根据需要自行编译。

pycsw 是 OGC CSW 服务器 Python 语言实现。pycsw 是 Python 类库，最新版本为 2.3-dev（2021 年 1 月 19 日发布），目前支持 Python 2.7/3.4/3.5。由于 pycsw 使用了很多开源地理空间类库，在 Linux 操作系统下面更容易安装。在实际使用中，使用 Debian Linux 来安装。本书使用的 Python 语言为 Python3.5 版本。pycsw 安装借助 Python 的 pip 工具。pip 是一个现代的、通用的 Python 包管理工具，提供了对 Python 包的查找、下载、安装、卸载功能。pip 安装 pycsw 的步骤如图 3.16 所示。

```
File  Edit  Format  Run  Options  Window  Help
$ virtualenv vpycsw && cd vpycsw &&. bin/activate
#获取pycsw源代码:
git clone https://github.com/geopython/pycsw.git && cd pycsw
pip install -e. && pip install -r requirements-standalone.txt
#创建和调整配置文件:
cp default-sample.cfg default.cfg
vi default.cfg
# adjust paths in
# - server. home    #/home/bk/pycsw_ws/pycsw
# - repository.database 调整修改路径:
database=sqlite:////home/bk/pycsw_ws/pycsw/tests/suites/cite/data/cite.db
# 将服务器的URL地址添加至http://localhost:8000/:
url=http://localhost:8000/csw.py
#创建数据库:
$ pycsw-admin.py -c setup_db -f default.cfg
#通过指示XML文件的目录来加载记录，使用-r做递归传递:
$ pycsw-admin.py -c load_records -f default.cfg -p /path/to/xml/
#启动pycsw服务器:
$ python./pycsw/wsgi.py
# 即可以正常运行工作:
$ curl http://localhost:8000/?service=CSW&version=2.0.2&request=GetCapabilities
```

图 3.16　pycsw 安装代码

pycsw 与其他 CSW 服务器不同的是，它有能力自己实现分布式搜索。当启用 pycsw 时（页面如图 3.17 所示），pycsw 会搜索所有指定的目录并会将一组统一的搜索结果返回

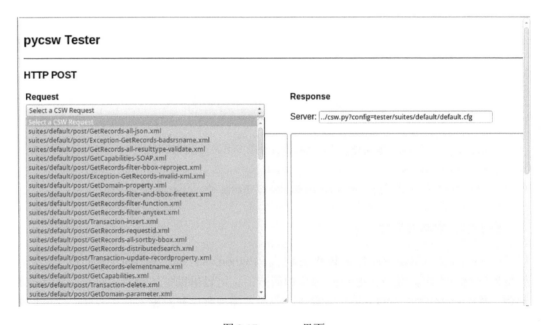

图 3.17　pycsw 界面

给客户端。pycsw 部署共有 3 项配置（CSW-1、CSW-2、CSW-3），同时也会提供 3 个端点。每个端点都是基于一个不透明的元数据信息库（基于主题/地点/学科等）。其目标是执行对所有端点一对一的搜索。pycsw 有能力执行服务器端存储库或数据库筛选功能，以覆盖所有的 CSW 请求，目的是查询元数据存储库中的一个特定子集，返回特定查询结果。

灾害元数据目录服务工具对外发布的元数据访问接口为 http: //meta.osgeo.cn/pycsw/csw.py?service=CSW&version=2.0.2&request=GetCapabilities，通过该接口访问防灾减灾知识服务系统网站所提供的元数据目录相关信息。pycsw 规定使用何种 OGC CSW 网络目录服务标准，service=CSW，表示采用 OGC 的 CSW 模式的 OWS（OGC Web Service）；version=2.0.2，规定采用的 CSW 的版本（2.0.2 和 3.0.0）；request=GetCapabilities，表示想要执行的操作。

2. pycsw 元数据服务器配置

元数据服务器的主要功能是对元数据库和元数据标准进行管理与操作，主要功能有注册元数据标准、基于元数据标准建立元数据库。

Web Services 是建立可互操作的分布式应用程序的新平台。它是一个平台独立的、低耦合的、自包含的、基于可编程的 Web 的应用程序，可使用开放的 XML（标准通用标记语言下的一个子集）标准来描述、发布、发现、协调和配置这些应用程序，用于开发分布式的互操作的应用程序。

Web Service 技术能使得运行在不同机器上的不同应用无须借助附加的、专门的第三方软件或硬件，就可相互交换数据或集成。依据 Web Service 规范实施的应用之间，无论它们所使用的语言、平台或内部协议是什么，都可以相互交换数据。Web Service 是自描述、自包含的可用网络模块，可以执行具体的业务功能。Web Service 也很容易部署，这是因为它们基于一些常规的产业标准以及已有的一些技术，诸如标准通用标记语言下的子集 XML、HTTP。Web Service 减少了应用接口的花费。Web Service 为整个企业甚至多个组织之间业务流程的集成提供了一个通用机制。

pycsw 元数据服务器需要独立配置部署，与防灾减灾知识服务系统服务器通过符合开放互联的标准进行通信，符合 Web Service 体系结构。

3. pycsw 元数据服务器转换

灾害元数据服务器与 pycsw 元数据服务器的系统和数据库也都是独立的。发布存储在灾害元数据库中的元数据需要先实现两者的通信。目前，pycsw 支持 XML/JSON 两种开放通信数据格式。为了简化开发，使用 JSON 作为数据交换的实际标准。

服务器间的通信过程有两种：一是灾害元数据库主动推送元数据信息。在对外发布元数据信息时，这些新元数据信息将被主动推送到 pycsw 元数据服务器；二是 pycsw 元数据服务器对灾害元数据库元数据信息的收割。该部署方式为自动值守运行，保证每天收割一次。这两种方案的协同，保障了数据的实时发布，同时避免了出现其他问题导致的信息发布问题。

具体进行操作时，需要考虑的技术问题主要是灾害元数据库与 pycsw 中元数据项的映射，需要先将灾害数据集的元数据映射到 pycsw 数据库中。映射过程的代码如图 3.18 所示。首先从灾害元数据库中取出记录，获取相关字段，将其存储在字典变量中（代码中省略了部分字段）；然后在 pycsw 数据库中根据 ID，对信息进行添加或更新。

```
1    '''
2    实现灾害数据向pycsw数据库的映射.
3    '''
4    from torcms.model.post_model import MPost
5    from extor.model.app_model import MRecords
6    post_info_arr = MPost.query_all(kind = '9', limit=10000)
7    MRecords.init()
8    # 对DRR中元数据进行遍历
9    for postinfo in post_info_arr:
10       postdata = {}
11       # 进行字段映射
12       postdata["identifier"]='uid-wdc-rre-{uid}'.format(uid = postinfo.uid )
13       postdata["anytext"]=postinfo.title + ',' + postinfo.time_create
14       postdata["language"]='en'
15       postdata["title"]=postinfo.title
16       postdata["title_alternate"]=postinfo.title
17       postdata["abstract"]=postinfo.cnt_html
18       postdata["keywords"]=postinfo.keywords
19       postdata["parentidentifier"]='ikcest-drr'
20       postdata["time_begin"]=postinfo.time_create
21       postdata["topicategory"]='DRR'
22       postdata["creator"]=postinfo.user_id
23       postdata["links"]='http://meta.osgeo.cn/info/{uid}'.format(uid = postinfo.uid)
24       # 中间省略部分字段
25
26       # 添加或更新pycsw记录
27       MRecords.add_or_update(postinfo.uid, postdata)
```

图 3.18　元数据服务器间的映射

3.3.3　pycsw 元数据目录服务工具实现

1. 灾害元数据收割

pycsw 的目录服务架构由一台 pycsw 中心节点和多个分中心子节点共同组成。灾害元数据服务器作为 pycsw 的分中心节点，其灾害数据资源的元数据信息存储在本地灾害数据库中；它与其他分中心节点通过 pycsw 中心节点数据库交换元数据信息，实现数据的汇聚和收割。图 3.19 描述了灾害元数据服务器子节点在 Web 网中的位置及 pycsw 进行数据收割的原理。

2. 灾害元数据标准发布

由 pycsw 支持的标准可知，pycsw 官方明确指出目前支持对 Dublin Core、ISO 19139、ISO 19115、FGDC 等元数据国际标准的输入和输出，可接收采用上述某一标准格式发布的元数据信息。如果基于该环境发布灾害元数据标准，则需要考虑现有设计的灾害元数据标准与上述 pycsw 所支持的标准相似度有多少，以及是否有必要将灾害元数据标准转换为这些标准的格式之后再进行发布。本书采用两种方式：①直接对外发布灾害元数据标准；②分析灾害元数据标准与 pycsw 所支持的各元数据标准的内容差异，将灾害元数据标准转化为与之匹配性较高且被 pycsw 所支持的标准的格式发布。元数据发布策略示意图如图 3.20 所示。

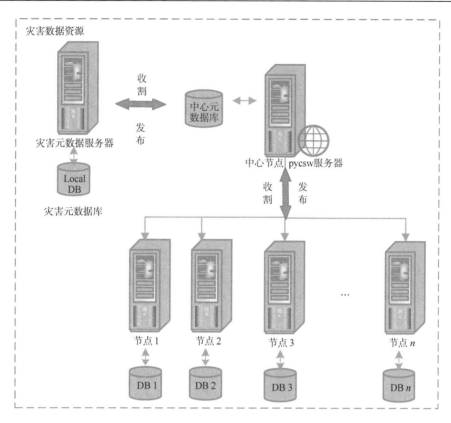

图 3.19　灾害元数据的汇聚与收割

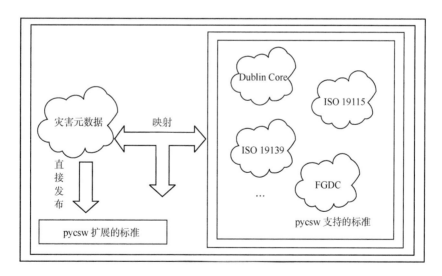

图 3.20　元数据标准的发布技术策略

1）直接发布灾害元数据

元数据在计算机系统中的互操作和数据交换的实现，必须基于一定的描述体系如

XML、JSON 等。XML 描述语言具有通用性，发展较早。JSON 语言起步较晚，但在 Web 数据交换处理上更具优势（刘保麟，2015）。pycsw 同时支持上述两种描述体系，默认输出形式为 XML 代码格式，故本书目前优先采用 XML 格式发布元数据。

（1）创建元数据库字段表。将设计的灾害核心元数据标准文本以表格的形式表达，建立灾害核心元数据表（表 3.8），该表包含了灾害核心元数据项的全部字段。其中一级类和二级类共同构成元数据库系统中的唯一标识符，3121 是唯一标识灾害资源科学数据元数据的标识符；字段名是元数据库中的字段名；标题是元数据库系统中每个字段对应在客户端中显示的名称。

表 3.8　灾害核心元数据

一级类	二级类	字段名	标题	UUID，UniversalUniqueIdentifier	dtId，identifier	mdChar，characterSet
t31	t21	specdb_datasets	Science Datasets	1	1	1

注：灾害核心元数据有 30 项，此处并未全部展示。

（2）构建灾害元数据库。使用 Python 程序解析表 3.8 中字段的信息，建立分类并将科学数据元数据的字段存入元数据库中。元数据库基于 PostgreSQL 建立。PostgreSQL 是一个自由的对象-关系数据库管理系统，它在灵活的 BSD-风格许可证下发行。它提供了相对其他开放源代码数据库系统（比如 MySQL 和 Firebird）和专有系统（比如 Oracle、Sybase、IBM 的 DB2 和 Microsoft SQL Server）之外的另一种选择。

（3）读取、发布元数据信息。pycsw 作为元数据发布的中心节点，可执行 Harvest 操作。用户通过 CSW-T.pycsw 远程更新本地存储库，向 pycsw 服务器注册中心插入一个服务对象，将获取的元数据信息存储到 pycsw 服务器中，发布灾害 CSW 服务的形式元数据信息。用户可根据元数据的 URI 精准地找到该元数据信息。图 3.21 为最终发布的 CSW 服务的元数据信息。


```xml
<!-- pycsw 2.1.dev0 -->
- <csw:Capabilities updateSequence="None" version="2.0.2" xsi:schemaLocation="http://www.opengis.net/cat/csw/2.0.2 http://schemas.opengis.net/csw/2.0.2/CSW-discovery.xsd">
  + <ows:ServiceIdentification></ows:ServiceIdentification>
  + <ows:ServiceProvider></ows:ServiceProvider>
  - <ows:OperationsMetadata>
    + <ows:Operation name="GetCapabilities"></ows:Operation>
    + <ows:Operation name="DescribeRecord"></ows:Operation>
    + <ows:Operation name="GetDomain"></ows:Operation>
    - <ows:Operation name="GetRecords">
      + <ows:DCP></ows:DCP>
      + <ows:Parameter name="CONSTRAINTLANGUAGE"></ows:Parameter>
      + <ows:Parameter name="ElementSetName"></ows:Parameter>
      + <ows:Parameter name="outputFormat"></ows:Parameter>
      + <ows:Parameter name="outputSchema"></ows:Parameter>
      + <ows:Parameter name="resultType"></ows:Parameter>
      + <ows:Parameter name="typeNames"></ows:Parameter>
      + <ows:Constraint name="AdditionalQueryables"></ows:Constraint>
      + <ows:Constraint name="SupportedDublinCoreQueryables"></ows:Constraint>
      + <ows:Constraint name="SupportedISOQueryables"></ows:Constraint>
      </ows:Operation>
    + <ows:Operation name="GetRecordById"></ows:Operation>
    + <ows:Operation name="GetRepositoryItem"></ows:Operation>
    + <ows:Parameter name="service"></ows:Parameter>
    + <ows:Parameter name="version"></ows:Parameter>
    + <ows:Constraint name="MaxRecordDefault"></ows:Constraint>
    + <ows:Constraint name="PostEncoding"></ows:Constraint>
    + <ows:Constraint name="XPathQueryables"></ows:Constraint>
    - <inspire_ds:ExtendedCapabilities xsi:schemaLocation="http://inspire.ec.europa.eu/schemas/inspire_ds/1.0 http://inspire.ec.europa.eu/schemas/inspire_ds/1.0/inspire_ds.xsd">
      - <inspire_common:ResourceLocator>
        - <inspire_common:URL>
            http://meta.osgeo.cn/pycsw/csw.py?service=CSW&version=2.0.2&request=GetCapabilities
          </inspire_common:URL>
          <inspire_common:MediaType>application/xml</inspire_common:MediaType>
        </inspire_common:ResourceLocator>
        <inspire_common:ResourceType>service</inspire_common:ResourceType>
      - <inspire_common:TemporalReference>
```


图 3.21　灾害元数据标准 CSW 服务（XML 格式）

2）发布转换后的灾害元数据

灾害元数据标准在设计初期参考了多个国内外元数据标准，其中 Dublin Core 元数据和 ISO 19115 地理信息元数据是本标准规范的主要参考标准。灾害元数据与其大多数元数据项均可匹配，向这两种元数据的转换是方便可行的，并且可以避免不必要的灾害元数据信息流失，尽可能多地保证转换后的元数据完整性。

在映射过程，利用 Python 对灾害元数据库进行读取，将元数据项封装成字典，使用 XML/JSON 扩展包对数据进行转换发布。

（1）与 Dublin Core 元数据的映射。Dublin Core 元数据由 15 个元数据项组成，这 15 个元数据可概括灾害元数据的大部分信息。其中灾害元数据标准中有 18 项元数据能与 Dublin Core 元数据项进行精准匹配，可保证 60%以上有效信息输出；未精准匹配的其余元数据项，如灾种、灾害进程关键字等也可归纳概括至 Dublin Core 元数据的资源描述中；由于缩略图的格式为图像格式以及数据质量报告中文字量稍大，此两项元数据未匹配成功。经过上述匹配，输出的 Dublin Core 灾害元数据至少可保留 90%的灾害元数据本身信息，具体匹配情况如图 3.22 所示。最终发布的都柏林灾害核心元数据 CSW 服务的元数据信息见图 3.23。

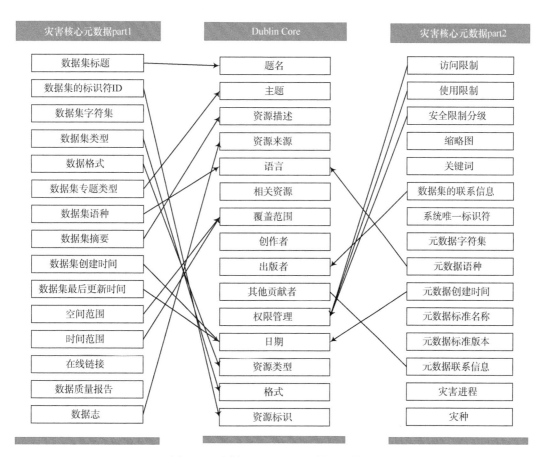

图 3.22　映射至 Dublin Core 核心元数据

```
(-- pycsw 2.1.dev0 --)
- <csw:Capabilities updateSequence="None" version="2.0.2" xsi:schemaLocation="http://www.opengis.net/cat/csw/2.0.2 http://schemas.opengis.net/csw/2.0.2/CSW-discovery.xsd">
  + <ows:ServiceIdentification></ows:ServiceIdentification>
  + <ows:ServiceProvider></ows:ServiceProvider>
  - <ows:OperationsMetadata>
    + <ows:Operation name="GetCapabilities"></ows:Operation>
    + <ows:Operation name="DescribeRecord"></ows:Operation>
    + <ows:Operation name="GetDomain"></ows:Operation>
    - <ows:Operation name="GetRecords">
      + <ows:DCP></ows:DCP>
      + <ows:Parameter name="CONSTRAINTLANGUAGE"></ows:Parameter>
      + <ows:Parameter name="ElementSetName"></ows:Parameter>
      + <ows:Parameter name="outputFormat"></ows:Parameter>
      + <ows:Parameter name="outputSchema"></ows:Parameter>
      + <ows:Parameter name="resultType"></ows:Parameter>
      + <ows:Parameter name="typeNames"></ows:Parameter>
      + <ows:Constraint name="AdditionalQueryables"></ows:Constraint>
      + <ows:Constraint name="SupportedDublinCoreQueryables"></ows:Constraint>
      + <ows:Constraint name="SupportedISOQueryables"></ows:Constraint>
    </ows:Operation>
    + <ows:Operation name="GetRecordById"></ows:Operation>
    + <ows:Operation name="GetRepositoryItem"></ows:Operation>
    + <ows:Parameter name="service"></ows:Parameter>
    + <ows:Parameter name="version"></ows:Parameter>
    + <ows:Constraint name="MaxRecordDefault"></ows:Constraint>
    + <ows:Constraint name="PostEncoding"></ows:Constraint>
    + <ows:Constraint name="XPathQueryables"></ows:Constraint>
    - <inspire_ds:ExtendedCapabilities xsi:schemaLocation="http://inspire.ec.europa.eu/schemas/inspire_ds/1.0 http://inspire.ec.europa.eu/schemas/inspire_ds/1.0/inspire_ds.xsd">
      - <inspire_common:ResourceLocator>
        - <inspire_common:URL>
            http://meta.osgeo.cn/pycsw/csw.py?service=CSW&version=2.0.2&request=GetCapabilities
          </inspire_common:URL>
          <inspire_common:MediaType>application/xml</inspire_common:MediaType>
        </inspire_common:ResourceLocator>
        <inspire_common:ResourceType>service</inspire_common:ResourceType>
      - <inspire_common:TemporalReference>
```

图 3.23　发布都柏林灾害核心元数据 CSW 服务（XML 格式）

（2）与 ISO 19115 核心元数据的映射。ISO 19115 核心元数据由 22 个元数据组成，是地理信息共享领域公认的元数据标准。由于自然灾害数据多带有地理特征，自然灾害与自然地理环境及人文要素等密切相关。本书在制定灾害元数据时也将 ISO 19115 作为主要参考标准，因此最终转化过程更加精准，是最佳的灾害元数据转化方式。其中灾害元数据标准中有 21 项元数据能与 ISO 19115 灾害元数据进行精准匹配，可保证 70%以上有效信息输出，精准匹配度得到了提高；未精准匹配的其余元数据项归纳概括至 ISO 19115 核心元数据的数据集摘要说明中；缩略图和数据质量报告此两项元数据同 Dublin Core 元数据转换方式一样，未做转化。输出的 ISO 19115 灾害元数据同样至少可保留 90%的灾害元数据本身信息，具体匹配情况如图 3.24 所示。最终发布的 ISO 19115 核心元数据 CSW 服务的元数据信息见图 3.25。

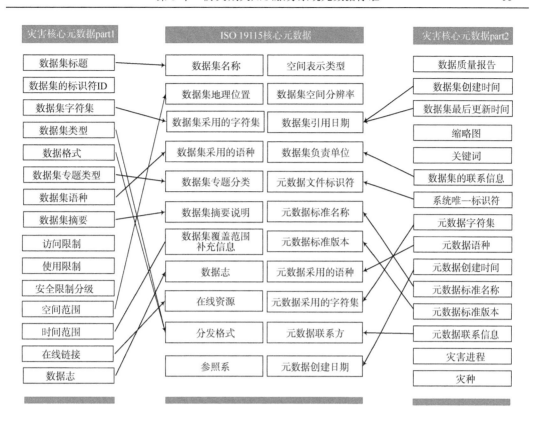

图 3.24　映射至 ISO 19115 核心元数据

```xml
- <ows:Constraint name="SupportedISOQueryables">
    <ows:Value>apiso:Abstract</ows:Value>
    <ows:Value>apiso:AlternateTitle</ows:Value>
    <ows:Value>apiso:AnyText</ows:Value>
    <ows:Value>apiso:BoundingBox</ows:Value>
    <ows:Value>apiso:CRS</ows:Value>
    <ows:Value>apiso:CouplingType</ows:Value>
    <ows:Value>apiso:CreationDate</ows:Value>
    <ows:Value>apiso:Denominator</ows:Value>
    <ows:Value>apiso:DistanceUOM</ows:Value>
    <ows:Value>apiso:DistanceValue</ows:Value>
    <ows:Value>apiso:Format</ows:Value>
    <ows:Value>apiso:GeographicDescriptionCode</ows:Value>
    <ows:Value>apiso:HasSecurityConstraints</ows:Value>
    <ows:Value>apiso:Identifier</ows:Value>
    <ows:Value>apiso:KeywordType</ows:Value>
    <ows:Value>apiso:Language</ows:Value>
    <ows:Value>apiso:Modified</ows:Value>
    <ows:Value>apiso:OperatesOn</ows:Value>
    <ows:Value>apiso:OperatesOnIdentifier</ows:Value>
    <ows:Value>apiso:OperatesOnName</ows:Value>
    <ows:Value>apiso:Operation</ows:Value>
    <ows:Value>apiso:OrganisationName</ows:Value>
    <ows:Value>apiso:ParentIdentifier</ows:Value>
    <ows:Value>apiso:PublicationDate</ows:Value>
    <ows:Value>apiso:ResourceLanguage</ows:Value>
    <ows:Value>apiso:RevisionDate</ows:Value>
    <ows:Value>apiso:ServiceType</ows:Value>
    <ows:Value>apiso:ServiceTypeVersion</ows:Value>
    <ows:Value>apiso:Subject</ows:Value>
    <ows:Value>apiso:TempExtent_begin</ows:Value>
    <ows:Value>apiso:TempExtent_end</ows:Value>
    <ows:Value>apiso:Title</ows:Value>
    <ows:Value>apiso:TopicCategory</ows:Value>
    <ows:Value>apiso:Type</ows:Value>
  </ows:Constraint>
</ows:Operation>
```

图 3.25　发布 ISO 19115 灾害元数据 CSW 服务（XML 格式）

第4章 防灾减灾知识服务系统平台开发

防灾减灾知识服务系统（http://drr.ikcest.org）遵循"边服务边开发"的迭代式开发模式。在系统上线之后，根据用户、专家、开发人员、运维人员的反馈，系统的架构和采用的技术也进行了诸多调整与演进。平台软件程序实现了 B/S 模式的 Web 应用软件，开发测试与部署托管于阿里云。用户可直接通过互联网、基于 Web 浏览器获取相关的数据与信息。

4.1 平台总体架构

系统的总体架构如图 4.1 所示。内容管理系统（content management system，CMS）是防灾减灾知识服务系统的核心系统，它负责管理文档、报告、科学数据集等内容，并具有 WebGIS、数据可视化、数据检索等各方面的功能。展示于用户的形式，则为新闻、文档、数据、地图、教程、科普等内容。

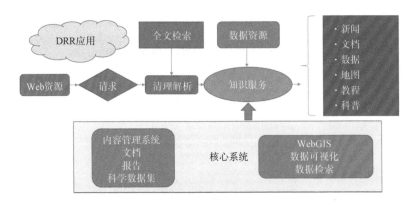

图 4.1 系统的总体架构

4.1.1 服务器端的功能与分类

服务器是提供计算、存储、可视化等服务的设备。由于服务器需要响应服务请求并进行处理，因此，一般来说服务器应具备承担服务并且保障服务的能力。服务器的构成包括处理器、硬盘、内存、系统总线等，与通用的计算机架构类似，但是需要提供高可靠的服务，因此在处理能力、稳定性、可靠性、安全性、可扩展性、可管理性等方面要求较高。在网络环境下，根据服务器提供的服务类型不同，分为文件服务器、数据库服务器、应用程序服务器、Web 服务器等。

服务器的种类有多种，其中最重要的有以下 5 种。

（1）文件服务器（file server）。通过网络通信传输，客户端请求一个文件的具体记录，服务器返回这些记录到客户端。

（2）数据库服务器（database server）。客户端传送一个 SQL（structured query language）请求到服务器，服务器通过处理这些请求，找到需要的信息，并且将这些结果返回到客户端。

（3）事务服务器（transaction server）。客户端调用服务器端的一个远程程序，处理一个事务，服务器端通过网络返回处理结果。

（4）Web 服务器（Web server）。通过超文本传输协议（HTTP）在网络上通信，Web 服务器返回客户端请求的同名文档。

（5）组件服务器（groupware server）。这是一种特殊的服务器类型，它提供一个应用集合，允许客户端以文本、图像、公告栏、视频和其他多媒体形式进行相互通信。

从应用体系的角度来看，信息组织和数据结构的目的是开发数据设计策略，以达到最优的系统操作。

（1）在客户机和服务器之间，平衡数据资源的分布。典型的是，数据库安装在服务器上，使多个用户可以共享数据。用作参照的静态数据，将分布在客户机上。

（2）确保不同服务器之间数据资源的逻辑配置。同样应用目的、同样安全需要的数据放置在同样的服务器上。为特定目的的数据（如文件服务、数据库查询、事务处理、Web 浏览或组件应用），将放在适当的服务器上。

（3）标准化和维护元数据，以便现有数据的搜索。

4.1.2　DRRKS 功能设计

程序系统设计包括以下几个方面。

1）文档发布

平台文档有三种形式，包括 Post、Page、Wiki。它们在防灾减灾知识服务系统中用于不同的文档类型，入口访问的路径也不一样。Post 是用于通常发布的网页形式；Page 是相对内容固定的文档，如网站说明、联系方式等；Wiki 是一种超文本链接，实现文字跳转以提供某一主题（关键词）的相关内容，为网站内容检索提供了便利。

2）地图资源发布

在防灾减灾知识服务系统开发过程中，有大量的自然灾害、防灾减灾工程地图图件资源，这些地图资源涵盖了地理、地质、生态环境、经济、人文等多学科要素，并且成图时间本身也是对灾害相关要素的时间标识，是非常有价值的资料。因此，地图资源发布工具的开发与设计是系统的主要模块。

本平台系统支持地图制图成果的在线发布，依据相关国际与国家标准，利用计算机自动化手段来实现地图图件编码、地图拼接、投影转换、格式转换、自动生成配置信息等功能, 使用开源的 MapServer 地图服务器与 MapProxy 切片处理技术, 将地图上的信息及资源发布出去。

3) 防灾减灾数据库

以 IKCEST 的跨学科、跨领域、跨区域数据和信息资源为基础, 以中国区域及周边国家毗邻地区和世界典型地区的地震、洪水等灾害治理与预警为示范, 以大数据挖掘和分析技术为支撑, 防灾减灾知识服务平台系统整合了中国及周边国家和地区的灾害事件数据与信息, 形成系统、完备的防灾减灾专题数据库。

防灾减灾数据库资源主要包括国家减灾机构、国家减灾的相关政策法规、国家目前减灾动态、国际减灾情况、科技减灾措施等, 包含在科学数据元数据、多媒体、Web 地图服务中。

4) 科技资源评价

防灾减灾知识服务系统平台提供了科技资源评价功能模块, 方便网站运维人员客观地获取科技资源的使用价值等信息。通过对资源信息科学性的评价, 对该资源信息主题的深度广度、引用数据的准确性与可信度、资源的时效性与更新速度、前瞻性进行综合性评估。

平台运维不属于开发范围, 是保证平台能否服务好的关键。内容维护工作人员要保证内容更新、优化数量和质量。防灾减灾知识服务平台有独立的平台运维应急方案, 包括网络可达性报告、网站程序崩溃报告、网站程序更新、数据安全与备份。

4.2 核心内容管理系统设计与开发

内容管理系统(CMS)是组织机构信息化建设和电子政务的基础。对于内容管理, 不同用户与机构有不同的理解和解决方案。对于网站建设和信息发布人员来说, 最注重的是系统的易用性和功能的完善性。因此, 对网站建设和信息发布工具提出了很高的要求。内容管理系统对站点管理和创造编辑都有好处, 这其中最大的好处是能够使用模板和通用的设计元素以确保整个网站的协调。内容管理系统也简化了网站的内容供给和内容管理的责任委托。很多内容管理系统允许对网站的不同层面人员赋予不同等级的访问权限, 这使得他们不必研究操作系统级的权限设置, 只需用浏览器接口即可完成。

在防灾减灾知识服务系统的设计开发中, 没有使用现有的内容管理系统。目前 CMS 开发的技术方案很多, 可以分为自底层开发、采用成熟的 CMS、基于框架开发三种。

(1)自底层开发不依赖现有的一些框架, 需要解决网站的路由、认证、模板机制等问题, 工作量大且周期长。

(2)采用成熟的 CMS 会快速得到可运行的系统, 但这种系统有其自行设计的特点, 往往在扩展性、灵活性方面有较大缺陷, 导致后期较难拓展。

(3)基于框架开发指采用基本的 Web 开发组件, 通过技术选择, 将不同的技术组成到一起，形成完整的解决方案。这种方式一方面避免了底层开发的技术成本；另一方面也保证了灵活性与拓展性。

针对防灾减灾知识服务系统的特点，在通用 Web 服务的基础上需要有较专业的表现形式与功能，采用第三种基于框架开发的方案，开发的内容管理系统命名为 TorCMS。

4.2.1　Python 语言与 Tornado Web 框架

防灾减灾知识服务系统的后台开发使用了 Python 语言以及使用 Python 语言开发的 Tornado Web 框架。

1. Python 语言介绍

Python 是一种编程语言，最初设计它的作者也不会想到今天会获得如此广泛的使用。由于 Python 语言的简洁、易读以及可扩展性，在国外用 Python 做科学计算的研究机构日益增多，一些知名大学已经采用 Python 教授程序设计课程。

2. Tornado Web 框架介绍

Tornado 框架是 Python 的 Web 服务器软件的开源版本。Tornado 和现在的主流 Web 服务器框架（包括大多数 Python 的框架）有着明显的区别：它是非阻塞式服务器，而且速度相当快。得益于其非阻塞的方式和对 Epoll 的运用，Tornado 每秒可以处理数以千计的连接，因此 Tornado 是实时 Web 服务的一个理想框架。

Tornado 是一个 Python Web 框架和异步 Web 库。在 FriendFeed 最初使用非阻塞的网络 I/O 时，Tornado 可以扩展到成千上万的开放连接，从而成为理想的长轮询、WebSockets 和其他需要长期连接到每个用户的应用程序。

Tornado 大致可以分为四个主要组成部分：

（1）一个 Web 框架（包括 RequestHandler 的子类来创建 Web 应用程序以及各种支持类）。

（2）客户端和服务器端实现 HTTP 协议（HTTP 服务器和 AsyncHTTPClient）。

（3）异步网络库，包括类 ioloop 和 iostream，作为 HTTP 组件也可以用来实现其他协议。

（4）协程库（Tornado.Gen）允许异步代码用一个比写链接更简单的方法执行回调。

Tornado Web 框架和 HTTP 服务器一起作为技术栈提供完整的 Web 服务，可能是在一个 WSGI 容器中使用 Tornado Web 框架（WSGI Adapter），或者使用 Tornado 的 HTTP 服务器作为其他 WSGI 框架的容器（WSGI Container）。这些组合可以很好地适配，充分利用 Tornado 的特性来使用 Tornado 的 Web 框架和 HTTP 服务器协同工作。

3. Tornado web 框架模块说明

Tornado 最重要的一个模块是 web，它是包含了 Tornado 大部分主要功能的 Web 框架。其他的模块都是工具性质的，以便让 web 模块更加好用。下面列出了 Tornado 的主要模块。

（1）web—基础 Web 框架，包含了 Tornado 大多数重要的功能。

（2）escape—包含了 XHTML、JSON、URL 的编码/解码方法。

（3）template—基于 Python 的 Web 模板系统。

（4）httpclient—非阻塞式 HTTP 客户端，它被设计用来和 web 及 httpserver 协同工作。

（5）auth—第三方认证的实现（包括 Google OpenID/OAuth、Facebook、Platform、Yahoo BBAuth、FriendFeed OpenID/OAuth、Twitter OAuth）。

（6）locale—针对本地化和翻译的支持。

（7）options—命令行和配置文件解析工具，针对服务器环境做了优化。

另外，还有一些偏向于底层的模块：

（1）httpserver—服务于 web 模块的一个非常简单的 HTTP 服务器的实现。

（2）iostream—对非阻塞式 socket 的简单封装，以方便常用读写操作。

（3）ioloop—核心的 I/O 循环。

4.2.2　TorCMS 介绍

防灾减灾知识服务系统的基础 CMS 名称为 TorCMS。TorCMS 系统开始开发时使用 Python 3.4 以及 Tornado Web 框架、Peewee、Pillow、Markdown 等模块。目前系统运行于 Python 3.6 版本以上，经过少量修改，可以运行在 Python 2.7 下面，但是发布的版本不对 Python 2.x 进行特别的支持。使用的数据库为 PostgreSQL，使用了 PostgreSQL 的一些特点来简化系统的设计。

基于系统的技术选择，运行于 Linux 系统下可获得较好的运行效果。防灾减灾知识服务系统部署在 Debian Linux 系统下。

4.2.3　安装与运行 TorCMS 框架

TorCMS 框架以 MIT 协议开源发布，代码托管于 Github。下面说明在 Debian 系统下本地安装与运行的步骤。

（1）首先要获取源代码，使用 git 工具：

git clone https: //github.com/bukun/TorCMS.git。

（2）在 Debian 下安装基本的工具，命令如下：

```
aptitude install postgresql-server-dev-all
aptitude install postgresql-contrib
aptitude install redis-server
```

（3）创建数据库与用户。在 PostgreSQL 中创建针对应用程序的数据库和用户，该信息会在 config.py 文件中使用；并且在 PostgreSQL 数据库中创建 hstore 扩展。步骤如下。

首先切换到系统用户；

su - postgres

然后输入 psql 进入到 postgreSQL 环境。

接下来开始创建数据库，示例如下。

```
CREATE USER torcms WITH PASSWORD '111111';
CREATE DATABASE torcms OWNER torcms；
GRANT ALL PRIVILEGES ON DATABASE torcms to torcms；
\c torcms；
create extension hstore；
\q
```

创建数据库成功后，使用\q 命令退出。

（4）进入 TorCMS 目录，获取模块的模板。这部分代码是独立维护的，针对不同的项目，可以使用 Bootstrap 作为模板引擎，也可以采用其他的。

```
cd TorCMS
git clone https: //github.com/bukun/torcms_modules_bootstrap.git templates/modules
```

（5）编辑 cfg.py 文件，修改其中的配置信息：

```
cd TorCMS/
cp cfg_demo.py cfg.py
```

按上面示例的信息编辑 cfg.py 文件：

```
DB_CFG = {
  'db': 'torcms',
  'user': 'torcms',
  'pass': '111111',
}
SMTP_CFG = {
  'name': 'TorCMS',
  'host': "smtp.ym.163.com",
  'user': "admin@yunsuan.org",
  'pass': "",
  'postfix':'yunsuan.org',
}
SITE_CFG = {
  'site_url': 'http: //127.0.0.1：8888',
  'cookie_secret': '123456',
  'DEBUG': False
}
```

（6）Web 应用程序的元数据信息处理。修改 TorCMS/database/meta 中的文件：

• doc_catalog.yaml（定义 post 目录）；

- info_tags.xlsx（定义 info 目录）。

（7）初始化。运行代码：

python3 helper.py -i init

该步骤的作用：

a. 初始化 PostgreSQL 模式。

b. 初始化数据库中的元数据。

c. 初始化 whoosh 数据库。

（8）运行 Web 程序。运行 Web 应用程序：

python3 server.py 8088

打开 Web 浏览器输入该地址 http: //127.0.0.1: 8088 即可访问网站主页（端口在也可以 config.py 中定义）。

（9）帮助脚本。程序中需要使用帮助脚本，运行下列命令以列出不同的脚本：

python3 helper.py-h

运行 python3 helper.py -i common 实现一些辅助的功能，其中 command 可以使用下面的值：

a. init：初始化网站；

b. review：检查网站更新的内容；

c. check：检查网站问题；

d. update：更新访问次数等；

e. dump：备份数据库；

f. reset：重置数据库。

4.2.4　程序系统的实施流程

面向 UNESCO 全球防灾与减灾数据和知识平台建设需求，本程序系统以 IKCEST 的跨学科、跨领域、跨区域数据和信息资源为基础，以大数据挖掘和分析技术为支撑，建立全球灾害元数据标准或者最佳实践和元数据库，建立和集成国家/区域级灾害数据库的开发方法；以中国区域及周边国家毗邻地区和世界典型地区的地震、洪水等灾害治理与预警为示范，开展灾害防治教育、培训和技术推广工作，初步形成 IKCEST 整合集成灾害资源和信息汇集、处理、分析、应用的技术能力与服务能力，为 IKCEST 与 UNESCO 更广泛的合作和服务提供经验、技术、资源和人才储备。

1）文档发布实现

（1）文档输入数据类型：网站前端使用 Markdown 编辑器。它用简洁的语法代替排版，输入为纯文本内容，兼容所有的文本编辑器与字处理软件。

（2）转换：Markdown 文件一般可以用记事本等文本编辑器打开，但是看不到排版效果，只有生成 HTML 或者 PDF 之后才有效果。因此需要 Python 的 Markdown2HTML 模块，将 Markdown 格式转换成 HTML。

（3）文档输出数据类型：HTML 文本格式。它建立文本与图片相结合的复杂页面，这些页面可以被网上任何其他人浏览到，无论使用的是什么类型的电脑或浏览器，直观表达、清晰显示。用户链接该文档或元数据的标题，即可浏览其全部内容。

2）地图资源发布实现

使用 MapServer 实现地图制图功能并发布 WMS 服务。MapServer 是一套基于胖服务器端/瘦客户端模式的实时地图发布系统，客户端发送数据请求时，服务器端实时地处理空间数据，并将生成的数据发送给客户端。功能设计是：将网站中的地图作为主要地图背景，采用预先生成的方法存放在服务器端，把相应的地图瓦片发送给客户端。

同时，使用 MapProxy 程序进行切片处理，意义在于既保护了原始数据，又提高了客户端加载的速度，有效地解决了地理信息共享的安全问题。由于客户端请求的地图是预先生成的，不需像传统方式那样进行实时计算和绘图，因此瓦片地图技术能够在地图的显示方面具有速度的优越性。

3）防灾减灾数据库实现

数据库使用 PostgreSQL。PostgreSQL 是完全由社区驱动的开源项目，它提供了单个完整功能的版本，而不像 MySQL 那样提供了多个不同的社区版、商业版与企业版。PostgreSQL 基于 BSD/MIT 的自由许可证书，可以使用、复制、修改和重新分发代码，只需要提供一个版权声明即可。可靠性是 PostgreSQL 的最高优先级，支持高事务、任务关键型应用。

4.2.5　数据库的基本概念

计算机大容量磁盘能存储大量数据。为了解决数据的独立性，实现数据的统一化管理，满足多用户实现数据共享的要求，开发了数据库技术。数据库是按照一定的组织方式来组织、存储和管理数据的“仓库”。建立数据库并使用维护的软件称为数据库管理系统（database management system，DBMS），它能有组织地动态存储大量数据，方便用户检索查询。

数据库系统按照数据库方式存储、维护和向应用系统提供数据或信息支持系统，是存储介质、处理对象和管理系统的集合体，通常由数据库、硬件、软件和数据库管理员组成。

数据库管理系统是数据库系统的核心软件，一般具有下列功能。

1）数据库定义功能

数据库定义又称为数据库描述，包括定义数据库系统的三级模式和二级映射以及与定义有关的约束条件，作为数据库管理系统数据存取和管理的基本依据。

2）数据操作功能

数据库管理系统用来接收、分析和执行用户对数据库提出的各种操作要求，完成数据库数据的检索、更新等数据处理任务。

3）数据库控制语言功能

对数据库的运行管理是数据库管理系统的核心，包括数据安全性控制、数据完整性控制、数据共享和并发控制、数据库维护和恢复等，保证数据库的可用性和可靠性。

4）数据字典管理

数据字典中存放对实际数据库各级模式所作的定义、对数据库结构的描述。

空间数据库则是指具备了地理空间信息管理与应用功能的数据库。空间数据库技术是 GIS 的核心。在 DRRKS 中，灾害数据是海量的空间数据与文档数据的集合，对应存储在空间数据库与关系型数据库中。

4.3　CMS 扩展功能的设计与开发

在开发防灾减灾平台系统的过程中，基于 TorCMS 本身的功能，根据用户需求，扩展出相应的知识服务功能。

1. 扩展程序 1——全文检索功能

经过对网站功能的分析与开发，防灾减灾知识服务平台添加了全文检索的功能。在防灾减灾知识服务系统中，通过在 Keyword Search 的所属分类（信息、文档、地图以及知识）中分别输入关键词，可以迅速且准确地检索到所需信息。

防灾减灾知识服务系统前期使用 Whoosh 实现全文检索。Whoosh 是完全使用 Python 编写的全文检索模块。Whoosh 效率上可能低一些，但是对于防灾减灾知识服务系统已经够用了；而且不管是数据库中的内容，还是 HTML 页面，都可以自由地放到检索数据库中方便使用。由于 Whoosh 的开发自 2016 年来活跃度不够，在后期的部署中，则替换为 Solr 全文检索系统。

2. 扩展程序 2——后台统计信息

防灾减灾知识服务系统后台除了可针对不同用户权限设计信息资源的增、删、改、查，还增加了统计信息，包括有评论的信息列表、有评分的信息列表、分类统计及用户注册量统计。

3. 扩展程序 3——用户统一认证的实现

在防灾减灾项目组对总分一体化的要求下，总平台开放了 HTTP 形式的 API 调用，实现了针对 IKCEST 总平台及各个分中心的统一用户认证系统。2017 年，DRR 防灾减灾知识服务系统实现了与总平台在用户认证对接功能上的正式对接。DRR 防灾减灾知识服务中心做对接时，可以直接使用总平台的登录、注册、注销、修改个人信息、修改密码等相关页面。

以用户注册为例，通过参数 type 附带上各分中心的二级域名代码，在注册页面自动选择相应的用户来源。将注册链接直接指向总平台的注册地址并通过参数 return URL 附带上需要跳转的 URL 地址。用户在 IKCEST 总平台注册完成后，在 DRR 防灾减灾知识服务中心也注册成功。同理，在 DRR 防灾减灾知识服务中心注册成功的用户，在 IKCEST 总平台也同样注册成功。

4. 扩展程序 4——科技资源评价功能

目前的网络科技信息资源优势为：信息量大、涵盖内容广、传播速度快、更新速度快、形式多样且容易获取、链接性与交互性强。但其不利点主要表现如下。

1）资源杂乱无序

利用搜索引擎对科技信息进行检索，时常检索出成千上万个满足要求的网页，其中大部分相关度并不高，使科研人员在甄别上耗费大量时间。即使是一些专业的科技数据库，用户也很难在短时间内查找到有启发作用的信息。

2）质量良莠不齐

由于网络信息的发布具有很强的随意性和自由度，很多信息未经过严格审查，网络版的正式出版物与非正式出版物相互混杂，甚至不少未经发表的论文以至虚假信息都充斥其间，导致其中科技信息的质量和可信度存在一定的问题。

3）部分内容不易获取

搜索引擎检索结果死链接现象严重，导致用户检索出感兴趣的信息却无法获取；部分存在于论坛、博客中的处于游离状态的有用信息难以找到；大型科研网站的网络数据库一般不免费，且对用户有众多的下载限制。

设计与开发科技资源评价工作，目的是通过对资源信息科学性的评价，对该资源信息主题的深度广度、引用数据的准确性与可信度、资源的时效性与更新速度、前瞻性进行综合性评估。

科技信息的评价指标一般包括：科技信息主题的深度与广度；引用数据的准确性与可信度；表达论点的客观性与创新性；资源的时效性与网站更新速度；资源的时间跨度、类型与表现形式；资源是否按照一定的逻辑方式组织或分类；是否对资源进行加工整合以提高资源价值；是否有难以获取的特色资源；是否为用户开展特色信息服务；资源网站服务器的稳定性；资源网站检索功能与导航系统是否完善；用户界面友好性；对用户端计算机环境要求是否合理；链接资源是否可用；资源下载速度；学术网站与科研工作者的互动性；付费资源网站用户使用成本的性价比；资源网站被访问次数；资源被下载情况和引用情况等。

在 DRRKS 中科技资源评价的实现首先要在网站后台数据库中设计一单独表格，共有 4 个字段，管理员可在此数据库中查看用户评分情况。

a. uid。数据库中记录的唯一编码。

b. user。该字段显示与用户关联的数据库外键。

c. post。该字段显示与评分的数据资源关联的数据库外键。

d. rating。该字段显示评分数值。该数值为浮点值。

在网站前端使用 Bootstrap Star Rating 实现打分的交互操作。

4.4　元数据管理与发布系统

在防灾减灾知识服务系统中设计 Science Datasets 科学数据元数据库功能模块，基于灾害元数据目录服务工具功能接口，实现后台灾害元数据目录服务工具和客户端的绑定；用户可在线对灾害元数据信息进行添加、查看、编辑和删除，将元数据标准应用于实践中。

4.4.1　灾害元数据库构建

元数据管理与发布系统建设的初衷是汇集全球多个数据中心的灾害相关信息。这些灾害数据资源分为在线资源和离线资源两类。在线资源主要来自 USGS Earthquake Hazards Program、中国地震台网等数据中心，每天实时下载；离线资源主要是研究机构、科学家、个人手中及自产数据（如通过数据挖掘得到的灾害相关数据），并且严格按照元数据结构框架的要求录入灾害数据库，实现资源的高效传播与有效利用，形成满足用户需要的信息资源体系。

1. 灾害元数据库总体设计

考虑到自然灾害所需数据的多样性，本书将收集的灾害数据集归纳为遥感数据、地理信息数据、灾情数据、救助数据、孕灾环境数据、承灾体数据、重大灾害案例体数据、灾害产品数据、政务数据九类。灾害数据集的分类有利于后续灾害数据的检索等操作。在建设灾害数据库的同时完成了灾害元数据库的建设，如图 4.2 所示。

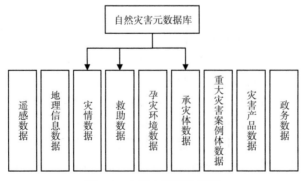

图 4.2　自然灾害元数据库

2. 灾害元数据库初步构建

根据设计的灾害元数据标准，结合现有的 40 个离线灾害数据集的基本信息，产出相应的灾害元数据，并存储到数据库中，形成灾害元数据库。灾害元数据库可为灾害数据库的管理、维护、共享和知识服务提供目录服务基础。用户通过 Science Datasets 科学数据元数据库模块，可在线浏览灾害元数据信息，运维人员可执行编辑、删除操作，实现对元数据库的在线管理。现以部分灾害元数据库为例，展示灾害元数据标准的应用实施情况，具体如表 4.1 所示。

表 4.1　防灾减灾知识服务系统部分灾害元数据

序号	灾害元数据库	标识符 ID	状态
1	The flood disaster database of Songliao basin in northeast of China	9487a	已入库
2	Spatio-temporal distribution of drought in the Belt and Road Area during 1998-2015 based on TRMM precipitation data	9dcf6	已入库
3	Historical earthquake data for China	982b7	已入库
4	Earthquake data of 1990-2015 in Qinghai - Tibet Plateau	9e4c8	已入库
5	The drought level database of cropland in Belt and Road Area from 2001 to 2013	90617	已入库
6	The assessment of damaged vegetation caused by ice-snow disaster	91c50	已入库
7	The diagnostic dataset of damaged vegetation restoration based on phenology information	9f32d	已入库
8	Snow and ice disaster intensity across southern China in 2008	9de89	已入库

4.4.2　灾害元数据在线管理与发布模块设计

元数据（metadata）是关于数据和信息资源的描述性信息。通过元数据可以检索、访问数据库，有效利用计算机的系统资源，方便对数据处理和对系统二次开发，从而满足社会各行各业用户对不同类型数据的需求以及交换、更新、检索和数据库集成等操作。元数据的内容包括下列五个方面。

（1）对数据集的描述。对数据集中数据项、数据来源、数据所有者和数据创建时间等信息的说明。

（2）对数据质量的描述。如数据精度、数据的逻辑一致性和数据完整性等。

（3）对数据处理信息的说明。如数据转换等。

（4）对数据库更新、集成等的说明。

（5）数据潜在应用领域等。

1. 功能模块描述

灾害元数据在线管理满足基本功能需求"为用户任务查找、识别、选择和获取"，而云环境中的高质量元数据还需要满足国际化元数据标准与质量控制。

（1）防灾减灾知识服务系统标识元数据标准项设计有：文档类数据 Title 题名、Category 分类、Label 标签、Picture 图片、Content 正文内容、Subject Identifier 主题标识符、Country Identifier 国家标识符、Language 数据语言、Data Category Name 数据分类名称、Category Code 数据分类代码、Category Standard Name 数据分类标准、Category Standard Revision 数据分类标准版本、Spatial Cover 空间范畴、Temporal Cover 时间范畴、Data Type 数据类型、Data Number 数据量大小、Data Quality 数据质量控制、Data Contributor Name 数据贡献者姓名、Contributor Email 贡献者邮箱、Contributor Agency 贡献者单位、Creation time 数据创建时间、Resplnst Name 数据负责机构名称、RespInst Address 数据负责机构地址、RespInst Postcode 数据负责机构邮编、ResPerson Name 数据负责人姓名、ResPerson Email 数据负责人邮箱、ResPerson Telephone 数据负责人联系电话、fax 传真、Update Frequency 数据更新频率、Resources Type 数据资源类型、Sharing Type 数据共享类型、Price 数据共享价格、Access Link 数据链接地址、Data Citation 引用出处、Last Modified 最后更新时间、Download 下载方式。

（2）地图类元数据项设计有：Title 题名、Label 标签、Latitude 纬度、Longitude 经度、zoom_max 扩放最大级别、zoom_min 缩小最小级别、zoom_current 当前缩放级别、Category 分类、Picture 图片、Content 正文内容。

（3）教育培训类多媒体元数据项设计有：Title 题名、Category 分类、Label 标签、Picture 图片、Content 正文内容、Language 语言、Subject 学科主题、Download 下载方式。对于 Powerpoint 课件，已经做成符合 HTML5 标准的在线课件形式，打开后直接在线浏览查看；如同 Powerpoint 展示一样，可通过单击操作，查看下一张幻灯片内容。

（4）防灾减灾知识服务系统管理元数据项设计有：Title 题名、Identifier 元数据标识符、Abstract 摘要。

2. 接口

科学数据元数据库使用 OGC 的 CSW 标准发布接口。

4.4.3　灾害元数据管理系统功能实现

防灾减灾知识服务系统元数据目录服务接口是防灾减灾知识服务系统的一部分，是实现知识服务的前提和基础。元数据管理过程中涉及元数据的添加、编辑、查看等过程操作，主要支持的功能有：①灾害元数据的浏览与展示；②元数据的添加、查看、编辑、删除；③数据实体的下载；④元数据的搜索。

1. 元数据发布

用户登录防灾减灾知识服务系统账号之后，可以在防灾减灾知识服务系统中自行添加灾害科学数据元数据信息。点击 Published Science Datasets Data 控件，添加 Title（The flood disaster database of Songliao basin in northeast of China），选择 Category 为 31_Science Datasets 等（图 4.3）。待填完所有元数据信息后，点击页面中下方的 Submit 按钮提交此条元数据信息即可。

图 4.3　元数据发布添加

2. 元数据浏览

保存在灾害元数据库中的元数据，可以用来反映灾害科学数据集的基本信息。防灾减灾知识服务系统所提供的所有元数据均以列表的形式反映在系统页面中，如图 4.4 所示。用户选择其感兴趣的灾害数据元数据，即可查看对应的元数据信息。如图 4.5 所示为 The flood disaster database of Songliao Basin in northeast of China 灾害数据集的元数据详细信息。

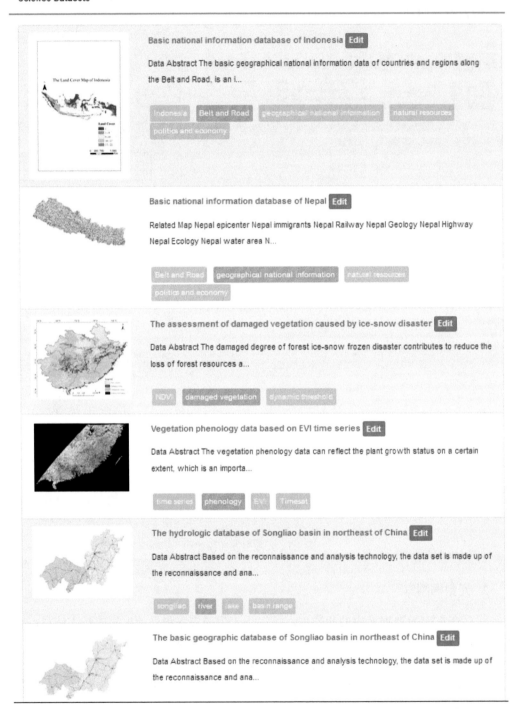

图 4.4　元数据库列表页

The flood disaster database of Songliao basin in northeast of China

The total amount of water resources in the Songliao Basin in 2011				Unit: billion cubic meters
Basin partition		Surface water resources	Non repetition of groundwater resources and surface water resources	Total water resources
I level	II level			
Songhua District	Erguna River	147.01	13.83	160.96
	Nenjiang	294.14	85.94	380.08
	Second Songhua River	123.5	17.43	140.93
	Songhua River (Sancha estuary below)	352.81	11.97	364.78
	Heilongjiang sub-stream	223.62	12.85	236.47
	Wusuli River	81.15	22.45	103.6
	Suifenhe	26	0.98	26.98
	Tumen River	42.61	0.34	42.95
	total	1235.84	204.09	1480.23
Liaohe District	West Liaohe	13.13	40.33	53.46
	East Liaohe	3.27	4.14	7.41
	Liaohe River	37.02	20.13	57.15
	Hun Taihe	39.9	7.69	47.59
	Yalu River	105.81	0.74	106.55
	Northeast along the Yellow Sea and the Bohai Sea	47.45	4.37	51.82
	total	226.34	77.18	303.56
Songliao basin		1502.22	281.93	1781.79

♡ Collection

✏ Edit　◉ Review　Reclassify　🗑 Delete

Label :　flood　rainstorm　typhoon　songliao

Date: 2017-12-29

author : fangzaiyyl

Views: 253

Data Abstract

Based on the reconnaissance and analysis technology, the format tables for flood disaster data of Songliao basin are preceded and sorted through data collection and analysis. The initial information had been preceded and finished with excluding irrelevant contents and leaving the relevant parameter information to meet the requirements of database. Finally, performing quality control measures have been taken, including self-checking and checking again by others. The assemble database which is after sorting is made into a file library. The disaster cases, causes and affection of flood, rainstorm, typhoon were extracted from the file library to build the flood disaster database of Songliao basin.

Data Identifier	
Subject Id	Environmental and Textile
Country ID	CN
Language	English
Data Category	
Category Name	Basic Geography
Category Code	01
Category Standard Name	Data classification standard of Disaster Risk Reduction Knowledge Service
Category Standard Revision	V1.0
Spatial Cover	Songliao basin(38°43′~53°30′N, 115°30′~135°30′E)
Temporal Cover	2001-2013
Data Type	Formatted Document/Relational database/Excel
Data Volume	5 MB
Data Quality	This data is complete and reliable.
Data Contributor	Bu Kun
Contributor Name	Bu Kun
Contributor Email	bukun@osgeo.cn

图 4.5　元数据详情页

3. 元数据编辑

为了方便对元数据进行管理，元数据管理系统提供了对元数据信息的编辑功能。元数据的编辑页面如图 4.6 所示。点击该条元数据页面中的 Edit 按钮，即可进入元数据再编辑页面；与元数据添加操作相似，在完成此次编辑之后提交修改的元数据信息即可。此时保存在灾害元数据库中的该条元数据信息替换为修改后的信息。元数据的删除操作可直接点击 Delete 按钮实现。所有的元数据管理过程日志都会记录。在 Review 栏目下可检查元数据管理操作是否得当，通过系统的二次检查，可以减少出错率，提高元数据管理工作的质量。

图 4.6　元数据编辑和删除

4. 元数据关联下载

系统提供数据实体的在线下载功能。当用户浏览灾害元数据信息时，可通过元数据详情页中的 Download 模块，下载该元数据对应的数据实体（图 4.7）。系统注册用户登录之后均具有下载数据实体的权限。

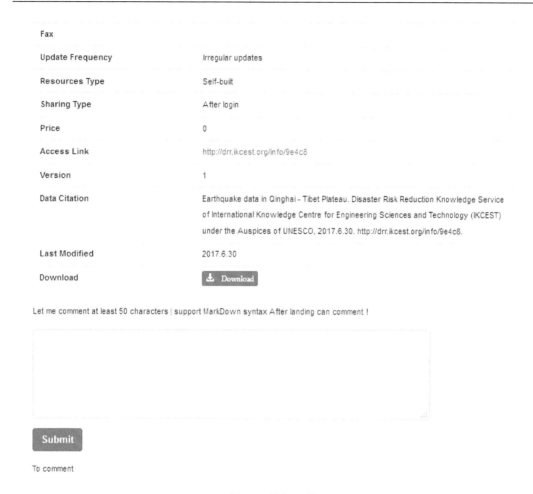

Fax	
Update Frequency	Irregular updates
Resources Type	Self-built
Sharing Type	After login
Price	0
Access Link	http://drr.ikcest.org/info/9e4c8
Version	1
Data Citation	Earthquake data in Qinghai - Tibet Plateau. Disaster Risk Reduction Knowledge Service of International Knowledge Centre for Engineering Sciences and Technology (IKCEST) under the Auspices of UNESCO, 2017.6.30. http://drr.ikcest.org/info/9e4c8.
Last Modified	2017.6.30
Download	Download

Let me comment at least 50 characters | support MarkDown syntax After landing can comment !

Submit

To comment

图 4.7　数据下载

4.4.4　元数据交换与发布子系统的实现

1. OGC CSW 概述

自然灾害发生可能会表现在地球表层及其上下一定空间范围，并使得地表发生一定程度的变化（徐榕焓，2012），这与自然地理环境密切相关。自然灾害数据多带有地理特征，涉及遥感数据、地理信息数据、孕灾环境数据、承灾体数据等多类数据。设计灾害元数据管理工具可借助地理信息共享领域先进的元数据目录服务技术。

OGC 提出了 Web Map Server（WMS）、Web Feature Server（WFS）、Web Coverage Server（WCS）和 Catalogue Services for the Web（CSW）等多个 OWS（OGC Web Service）实现数据规范（苗立志等，2010）、数据集成和互操作，并在地理信息共享领域得到了多方面应用。OGC CSW 是应用较成熟的地理数据元数据注册和管理方式，得到了国内外学者的借鉴和应用，借助该技术能快速实现灾害元数据管理工具的建设。CSW 标准是 OGC 推出的网络目录服务实现规范（Open Geospatial Consortium Inc，2009）。CSW 标准定义了一套统一的接口，用于对空间信息及相关数据的检索、查询和浏览；借由这些标准化的接口和数据格式，便于用户对地理空间数据和地理信息服务元数据的检索查询，为用户访问各节点元数据提供了一种基于 HTTP 协议的请求标准，进而获取其所对应的地理信息数据。CSW 标准是发布和访问地理空间数据元数据的数字化目录服务，作为独立服务器部署，也能嵌入到其他应用程序中（Sibolla et al.，2014）。数据资源提供者可以使用符合 CSW 标准的元数据描述方式描述元数据，包括空间参考、专题信息描述等，将其注册到服务中心。用户可基于 CSW 规范通过网络浏览器或 CSW 客户端，实现对相关信息数据或服务元数据的查询检索。

OGC CSW 元数据目录服务实现方式有多种，如表 4.2 所示。在这些服务中，GeoNetwork 是发布最早被广泛应用的元数据目录服务平台。另一种是 pycsw，OGC 目前在推荐采用 pycsw 作为管理元数据的工具。

表 4.2　OGC CSW 元数据目录服务

规范名称	编程语言	发布时间
GeoNetwork	Java	2001 年
GeoServer with CSW plug-in	Java	2006 年
pycsw	Python	2010 年
degree	Java	2014 年

2. pycsw 工具

pycsw 是 OGC CSW 的 Python 语言实现，提供开放源代码，可在所有主流平台上运行。它不是元数据编辑器而是完全兼容的 CSW 服务器，允许通过多种 API（CSW1/CSW2/CSW3、OpenSearch、OAI-PMH、SRU）发布和发现地理空间元数据，并提供基于标准的元数据和目录组件空间数据基础设施。它也可以对以 XML 格式存储的元数据进行操作，具有实现全文检索、支持元数据主动文档开放协议和联合目录分布式搜索等功能，实现了对各类编录数据客户端数据查询和更新的支持。

2015 年以来，pycsw 已成为开源空间信息基金会（Open Source Geospatial Foundation，OSGeo）的官方项目。pycsw 相较于 GeoNetwork 有如下优点：① pycsw 是一个轻量级的应用平台；② pycsw 是唯一用 Python 编写的 OGC CSW 服务应用实现，它更容易与其他的 Python 目录库交换信息，这些库提供了更有效的方式来实现近实时的 OGC 目录服务（Song et al.，2017）；③ pycsw 的优点是易于部署和配置，并支持多种元数据模型；④ GeoNetwork 没有自动生成元数据的工具（Sharma et al.，2016）。

本小节对设计灾害元数据目录服务工具时可能用到的 pycsw 所支持的标准和操作进行介绍。

1）支持的标准

pycsw 基于多种国际通用标准（目前支持 Dublin Core、ISO 19139、ISO 19115、FGDC

等标准）实现各类数据服务和协议。表 4.3 对其现有支持标准的版本、样式、功能等信息进行了详细的说明。

表 4.3　pycsw 支持的标准

标准	版本	详细信息
OGC CSW	2.0.2，3.0.0	OGC 元数据目录服务，支持发布和搜索数据
OGC Filter	1.1.0，2.0.0	OGC Filter 实现对数据的筛选，是用于筛选要素的过滤器
OGC OWS Common	1.0.0，2.0.0	描述 Web 服务的通用接口规范，包括请求和响应的内容，请求参数编码
OGC GML	3.1.1	地理信息标记语言，是表达地理特征的 XML 语法。GML 是地理系统的建模语言，也是 Internet 上地理事务的开放交换格式
OGC SFSQL	1.2.1	主流空间数据库国际标准，提供在不同平台下对简单要素发布、存储、读取和操作的接口规范说明
Dublin Core	1.1	描述网络信息，是电子数据资源领域最具国际性的标准
SOAP	1.2	是一种轻量的、简单的、基于 XML 的协议，它被设计成在 Web 上交换结构化的和固化的信息
ISO 19115	2003 年	地理信息元数据，是地理信息领域数据共享采用较多的标准
ISO 19139	2007 年	地理信息元数据 XML 模式实现
ISO 19119	2005 年	地理信息服务元数据
NASA DIF	9.7	NASA 发布的目录交换格式
FGDC CSDGM	1998 年	FGDC 数字地理空间元数据内容标准
GM03	2.1	
SRU	1.1	使用关系查询语言 CQL 进行搜索的一种基于 XML 的搜索查询协议
OGC OpenSearch	1.0	规定了查询协议，用于共享搜索结果的简单格式的集合，用于描述元数据引擎

2）支持的操作

CSW 定义了几个可用于发现和检索元数据的操作。pycsw 支持的 OGC CSW 接口有 7 种，如表 4.4 所示。将这些操作分成服务类、查询发现类和管理类三类。

（1）服务类。

—— GetCapabilities（获取功能）。该操作允许客户程序从服务器获取元数据，允许客户端检索描述服务实例的信息。获取功能服务的方式为：http: //localhost/pycsw/csw.py? service=CSW&version=2.0.2&request=GetCapabilities。

（2）查询发现类。

—— DescribeRecord（查询元数据记录）。该操作允许客户端查询目标元数据服务所支持的信息模型的元素，与 GetCapabilities 操作标签下 typeName 参数规定的内容相同。在实际应用中，GeoServer 推荐使用 gmd：MD_Metadata 模型查询元数据记录。获取查询服务的方式为：http: //localhost/pycsw/csw.py?service=CSW&version=2.0.2&request= DescribeRecord。

　　——GetRecords（获取元数据记录）。该操作是 CSW 访问服务端目录的核心操作，允许客户机发现目标目录服务支持的信息模型的元素，实现搜索和表示的功能。

　　——GetRecordById（查询指定 ID 元数据）。该操作通过指定元数据的 ID 获取查询结果记录。实施该操作前需已知目标元数据的标识符 ID，通过该操作可直接获取指定 ID 的元数据记录结果。

　　——GetRepositoryItem（查询指定项目元数据记录）。该操作可在给定存储库中检索具有给定存储库标识符和项目类型的项目。

　　——GetDomain（获取运行信息）。该操作可获取关于元数据的记录元素和请求参数取值范围运行时的实际信息。

　　（3）管理类。管理接口定义创建、修改与删除元数据记录的操作。该操作可以通过"推"的机制来实现，即 Transaction 操作；也可以通过"拉"的机制来实现，即 Harvest 操作。

　　——Harvest（收割）。该操作用于在目录中插入或更新数据，pycsw 以拉（pull）的方式，在执行 Harvest 请求时需要指定目标空间信息服务的服务描述文件的 URI；目录服务自动解析并注册服务描述内容，实现从远程 OGC 服务（WMS、WFS、WCS、WPS、WAF、CSW、SOS）中提取和存储（"harvest"）层次信息。

　　——Transaction（发布）。该操作定义了用于创建、修改和删除元数据记录的接口。用户以推（push）的方式调用和设定服务元数据，通过 CSW-T.pycsw 远程更新本地存储库（"transactions"），向注册中心插入、更新或删除一个服务对象。此操作等同于用户手工注册。

表 4.4　pycsw 支持的操作

请求	功能	请求的参数	可选性	支持	HTTP 方法绑定
GetCapabilities	获取服务功能	service；request	必选	是	GET（KVP）/ POST（XML）/ SOAP
DescribeRecord	描述 record 支持的信息模型	request；service；version；typeName；outputFormat；schemaLanguage	必选	是	GET（KVP）/ POST（XML）/ SOAP
GetRecords	获取查询结果记录	request；service；version；typeName；resultType；constraint Language；Element SetName；output Format；outputSchema	必选	是	GET（KVP）/ POST（XML）/ SOAP
GetRecordById	通过 ID 获取查询结果记录	request；service；version；Element SetName；ID；outputFormat；outputSchem	可选	是	GET（KVP）/ POST（XML）/ SOAP
GetRepository-Item	通过数据库的指定项目		可选	是	GET（KVP）
GetDomain	获取域名	request；service；version；Parameter Name；	可选	是	GET（KVP）/ POST（XML）/ SOAP
Harvest	收割	URI	可选	是	GET（KVP）/ POST（XML）/ SOAP
UnHarvest			可选	否	
Transaction	发布	request；service；version；Transaction	可选	是	POST（XML）/ SOAP

3. CMS 集成元数据服务功能

pycsw 主要负责后台灾害元数据的收割和存储入库。防灾减灾知识服务系统平台元数据一站式检索实现了网络灾害数据编录服务具体功能模块的配置和页面定制，包括查询条件的选取、响应结果的元数据显示等。灾害元数据一站式搜索引擎核心技术为：

在 Python 编译环境中，引入相关模块（具体代码见图 4.8），将元数据服务器提供的 API 接口传递给本系统中的 csw，定义获取元数据信息函数 get（）、搜索元数据函数 search（）、展示元数据检索结果函数 list（），实现元数据的检索功能。

```python
from owslib.csw import CatalogueServiceWeb
from owslib.fes import PropertyIsEqualTo, PropertyIsLike, BBox

class MetadataHandler(BaseHandler):
    def initialize(self):
        super(MetadataHandler, self).initialize()
    def get(self, url_str=''):
        if len(url_str) > 0:
            url_arr = url_str.split('/')
            # if url_str == '':
            # self.render('metadata/meta_index.html')
        if url_str == '':
            self.list('')
        elif url_arr[0] == 'search':
            self.search(url_arr[1])
        elif url_arr[0] == 'view':
            self.ajax_get(url_arr[1])
    def list(self, keyw):
        csw = CatalogueServiceWeb('http://meta.osgeo.cn/pycsw/csw.py?')
        birds_query_like = PropertyIsLike('dc:title', '%{0}%'.format(keyw))
        csw.getrecords2(constraints=[birds_query_like], maxrecords=20)
        print('-' * 20)
        print(csw.results)
        for rec in csw.results:
            print(rec)
        self.render('metadata/meta_index.html',
                    meta_results=csw.records,
                    userinfo=self.userinfo)
    def search(self, keyw):
        csw = CatalogueServiceWeb('http://meta.osgeo.cn/pycsw/csw.py?')
        birds_query_like = PropertyIsLike('dc:title', '%{0}%'.format(keyw))
        csw.getrecords2(constraints=[birds_query_like], maxrecords=20)
        print('-' * 20)
        print(csw.results)
        for rec in csw.results:
            print(rec)
```

图 4.8　元数据检索代码部分示例

防灾减灾知识服务系统平台元数据一站式检索客户端主要完成与用户的交互，包括查询条件的选取、响应结果的元数据显示。具体操作如下：如在 Keyword 中键入 flood，所有与 flood 有关联的元数据将会被查询出来，最终再以列表的形式展示在页面中。本平台目前设置的最大显示记录数为 10 条，后期可根据实际需要进行调整。

4.5　地图发布子系统的设计与开发

可视化应用将科学计算中产生的大量非直观的、抽象的或者不可见的数据，借助计算机图形学和图像处理等技术，以图形图像信息的形式，直观、形象地表达出来，并进行交互处理。在这其中，地图可视化是非常重要的一个方面。地图可视化一般需要使用地图服务的方式发布。地图服务一般指电子地图服务，是利用网络和电子地图技术开发的基于互动地图模块的提供地图信息的服务模式。

4.5.1　地理信息系统和 WebGIS 的基本原理与技术

GIS 以计算机技术为核心，以遥感技术、数据库技术、通信技术和图像处理等为手段，以遥感影像、地形图、专题图、统计信息、调查资料以及网络资料等为数据源，按照统一地理坐标和统一分类编码，对地理信息进行收集、存储、处理、分析、显示和应用，并能为有关部门规划、管理、决策和研究提供服务。

随着 Internet 技术的不断发展和人们对 GIS 的需求，利用 Internet 在 Web 上发布空间数据，为用户提供空间数据浏览、查询和分析功能，已经成为 GIS 发展的必然趋势。

WebGIS 是 Internet 和 WWW 技术应用于 GIS 开发的产物，是实现 GIS 互操作的最佳解决途径。从 Internet 的任意节点，用户都可以浏览 WebGIS 站点中的空间数据，制作专题图，进行各种空间信息检索和空间分析。因此，WebGIS 不但具有大部分乃至全部传统 GIS 软件的功能，而且用户不必在本地计算机上安装 GIS 软件，就可以通过 Internet 远程访问 GIS 数据和应用程序，进行 GIS 分析，得到交互的地图和数据。

WebGIS 的关键特征是面向对象、分布式和互操作。任何 GIS 数据和功能都是一个 Traceback（most recent call last）对象，这些对象分布在 Internet 的不同服务器上，当需要时进行装配和集成。Internet 上的任何其他系统都能和这些对象进行交换和交互操作（宋关福等，1998）。WebGIS 的基本思想是在 Internet 上提供地理信息，让用户通过浏览器浏览并获取地理信息系统中的数据和功能服务，其最终目标是实现空间信息的网络化。

WebGIS 在防灾减灾中有以下四点重要意义。

（1）对于系统管理者而言，WebGIS 能够降低系统管理成本，充分利用资源。WebGIS 不需要在每台计算机上安装专业 GIS 软件，节省了安装专业软件的费用和软件维护的费用，节约计算机资源，降低系统管理成本。WebGIS 能够充分利用网络资源，将基础性的复杂处理交由服务器执行，由客户端完成数据量较小的简单操作。这种理想的优化模式平衡了服务器端和客户端的计算负荷，也有效地利用了网络资源。

（2）对于用户而言，通过 WebGIS 更方便地获取灾害信息，提高了用户对灾害信息的关注度。网络是一种资讯传播迅速的公共媒介，与传统媒介相比，WebGIS 结合多媒体信息，对灾害信息的描述更加生动、准确，容易被人接受。此外 WebGIS 简单的操作，使越来越多的人通过浏览器了解灾害信息，满足公众对灾害信息获取的要求，提高公众对灾害信息的关注程度。

（3）WebGIS 成为灾害管理部门与公众之间相互交流的平台。通过 WebGIS 可以将灾害主管部门的政策规定下达给公众，使公众充分了解这些信息，更好地配合灾害主管部门工作的顺利开展；同时通过 WebGIS 平台也可以将公众的意见及时反映和反馈给有关部门，架起一座灾害主管部门与公众之间高速畅通的沟通桥梁，激发公众参与的热情和提高政府工作的效率。

（4）对于 GIS 而言，WebGIS 能够促进 GIS 在公众中的普及与推广。GIS 作为一门实用性强的技术，只有进入寻常百姓家，被大众熟悉和认可才能发挥它的潜力和作用。GIS 软件复杂的操作往往阻碍了 GIS 大众化的进程，WebGIS 通过网络技术和互联网的广泛应用真正实现了 GIS 的普及和推广。WebGIS 在防灾减灾知识服务中的应用也正是一次 GIS 向公众推广的良好机会。

4.5.2　地图发布技术（MapServer）概述

MapServer 是美国明尼苏达大学（University of Minnesota，UMN）在 20 世纪 90 年代利用 C 语言开发的开源 WebGIS 项目。

MapServer 起源于 UMN 和美国国家航空航天局的合作项目 ForNet 以及之后的 TerrSIP 项目。可以说政府的支持在 MapServer 前期的发展中起了很大的作用，1994 年 "MapServer 之父" Steve Lime 和他的 MapServer 被更多的人熟悉。MapServer 在发展壮大中，并不是孤立的，而是得到了许多开源社区和开源爱好者的支持。2005 年 11 月，MapServer 基金会成立。该基金会本着 "促进专业的开源网络制图开发环境和社区。即使最初集中于网络制图的项目，但希望能够给其他开源地理信息的项目提供资助" 的宗旨，不仅促进了 MapServer 的专业化发展，而且促进了整个开源网络制图技术的发展。随着开源地理信息系统软件的进一步发展以及开源网络制图环境的进一步优化，2006 年 2 月 MapServer 基金会正式改名为开源地理空间基金会（OSGeo），Autodesk 公司将 MapGuide 作为开放源代码加入了该基金会，进一步促进了 MapServer 的发展。

MapServer 是一个用来在网上展现地理空间数据的开源 GIS 项目。它具有以下特点：

（1）支持显示和查询数以百计的栅格、矢量和数据库格式；

（2）能够运行在多种不同的系统上（Windows、Linux、Mac OS X 等）；

（3）对流行的脚本语言和开发环境（PHP、Python、Perl、Ruby、Java、NET）提供支持；

（4）支持实时动态（on-the-fly）投影；

（5）高质量绘制模型；

（6）完全可定制的应用输出；

（7）许多现成的开源应用环境。

在最基本的形式中，MapServer 就是待在 Web 服务器上的一个 CGI 程序。当给 MapServer 发送一个请求之后，它会使用请求的 URL 中传递的信息和 Mapfile，创建一个可以返回图例、比例尺、参考地图及 CGI 等变量值的地图图像。

4.5.3　MapServer 与服务器端的配置

网站后台使用 MapServer 作为地图发布器，前端使用 Leaflet JavaScript 库，完成地图在线浏览、查看地图坐标、在线地图叠加、当前视图链接共享、位置标注共享、在线编辑存储的功能，实现了地图资源数据在线查看、直接共享应用的数据共享模式。

一个简单的 MapServer 包含下列几部分。

（1）MapFile。MapServer 应用的结构化的文本配置文件。它定义了地图的范围，用来告诉 MapServer 数据在哪以及在哪输出图像。它还定义了地图图层，包括它们的数据源、投影和符号。它必须有一个.map 扩展名，否则 MapServer 识别不了。

（2）Geographic Data。MapServer 可以利用多种类型的地理信息数据源。默认的是 ESRI 数据格式，其他格式的数据也支持。

（3）HTML 模板页面。用户和 MapServer 之间的接口。它们通常位于 Web 根目录。在其最简单的形式中，MapServer 可以在 HTML 页面上放置一个静态地图图像。为了使地图能够交互，图像被放置在页面的一个 HTML 表单上。

（4）MapServer CGI。二进制的可执行文件。可以接收请求并返回的图像、数据等。它位于 Web 服务器的 cgi-bin 或者 scripts 目录下。Web 服务器的用户必须有这些目录的执行权限。处于安全的考虑，它们不能在 Web 的根目录下。

（5）WEB/HTTP Server。当用户打开浏览器时，需要 HTML 页面及一个工作的 Web（HTTP）服务器。例如 Apache 或者 Microsoft 的 IIS，它们在用户安装的 MapServer 所在的机器上。

MapServer 可以创建一个图像并转储存到一个当地目录或者直接输送到要求的 Web 服务器。

4.5.4　地图服务配置

为了 MapServer 能更好地满足实际项目的需要，就要对 MapServer 从服务能力、地图服务功能到空间数据进行必要的配置。服务器中需要配置的主要有以下四个方面的内容：

（1）服务能力和联系信息。服务能力主要包括最大地理要素数限制、是否显示详细异常信息、数字精度、语言编码等，而联系信息包括单位名称、地址、联系方式等。

（2）WFS 配置。包括是否启用 WFS 服务、服务层次（基本服务、事务处理层次、完全服务）以及 WFS 服务器描述信息等。

（3）WMS 配置。包括是否启用 WMS 服务、描述信息、SVG 图形表现形式（是否采用抗锯齿处理）等。

（4）Data 配置。该部分内容较多，具体内容包括名称空间、数据、样式、地图要素类型。该部分的配置非常重要，涉及客户端如何进行空间数据的展示。服务器端的配置非常重要，例如精心地配置每一层的显示方式、图例、字体、色彩等对于丰富项目的展示起着重要的作用。

4.6　系统应用模块设计

防灾减灾知识服务系统平台的建设目标包括全球灾害元数据标准（最佳实践）研制，防灾减灾知识服务系统相关标准规范和运维制度编制，灾害元数据库、资源库、机构目录库、专家库构建，"一带一路"地区和中国典型地区防灾减灾数据库建设，防灾减灾知识服务系统平台建设与运维等，由下列五部分构成。

（1）灾害事件在线可视化应用。建立灾害事件数据库，实现信息在线可视化应用。

（2）防灾减灾资源库、元数据库、机构目录库、专家库构建、管理与展示。以中国及其周边地区和世界典型地区的地震、洪水和干旱等主要灾种为对象，开展灾害元数据信息的汇聚，基于数据抓取和网络文本挖掘技术汇聚地震、干旱、洪水等灾害元数据库。建立国际灾害机构信息目录库，搜索、整编、翻译并发布机构信息。建立灾害领域专家库，搜集、整编、翻译并发布国内外专家信息。针对防灾减灾资源、机构与专家目录的需求，开发管理与展示功能模块，形成目录导航效果。

（3）灾害地图图件可视化与应用。基于 WebGIS 技术，对具有地理空间参考的灾害地图图件实现可视化应用。

（4）基于单页模式的系列事件发布功能（用于会议发布应用）。基于现代 Web 技术，开发国际研讨会会议发布、管理等系列事件的单页信息发布模块。

（5）防灾减灾科普模块。根据防灾减灾方面的科普宣传需求，制作科普文档、课件、动画、视频等多媒体资料，在线发布应用。

4.6.1　功能模块 1（灾害事件在线可视化应用）

平台已从防灾减灾、地震、洪涝等灾害相关的国内外权威网站中收集了大量信息，以地震作为主要灾种，设计并开发灾害事件数据库，使用多台服务器，自行值守数据获取网络优质数据与信息，建立了相应的数据库进行数据存储，实现灾害事件的实时发布、统一管理与资源共享。

根据需求，整理全球地震数据中心元数据信息，包括地震具体时间及地理位置、震级、伤亡情况、城市受损情况、周边城市波及情况以及政府应急机制等。地震数据处理周期为每天，其他灾种数据处理周期为每周。

防灾减灾知识服务平台已对国内地震权威网站如中国地震台网、中国地震局、中国地震信息网等，国外权威网站如 USGS 美国地质调查局网络提供的接口进行抓取、清理、保存与应用，并建立相应的数据库进行存储。

4.6.2 功能模块 2（防灾减灾资源、机构、专家目录管理与展示功能）

开发爬虫脚本程序，采集大量国内外权威网站中与地震、洪涝、干旱等灾害相关的数据，实现利用网络数据平台采集网站资源的功能，对信息资源进行合理分类、汇总，并选取优秀网络资料。资源数据库主要以开放式分类目录方式呈现，实现信息的统一管理和资源共享。

采集大量关于防灾减灾的组织机构信息，通过可视化技术展现在网站中。实现用户对组织机构门户网站的查询、检索并获取相关灾害的知识信息等功能；构建防灾减灾专家库，进一步发挥防灾减灾科技人才的作用，充分发挥学术团体的人力资源优势，提高地震监测预报、震灾防御、应急救援等科技水平。选取的专家库成员主要参与农业应急管理宣传、教育、培训以及相关学术交流与合作；具体负责灾前组织抢险抢救工作的技术研究和指导、防灾抗灾技术措施的制定与实施；协助政府做好灾后恢复生产自救、重建家园的技术指导与科技推广等工作。

资源数据库、机构数据库、专家库均以信息形式发布，基于 Markdown 语法输入。可视化应用以 WebGIS 技术实现，基于网页形式浏览与查询。发布的信息页有图片、标签、正文内容、科学评分模块与文字评价、分类切换以及用户数据关联推荐等在线应用。

4.6.3 功能模块 3（灾害地图图件可视化与应用模块）

根据已有的大量地图图件与后续采集的东北亚地区、蒙古高原、国内典型区域内灾害地图图件资源，将采集的纸质地图经数据加工人员扫描成电子版，与电子地图一起作为待校正的地图图件，依据最新比例尺，使用工具完成地图的几何纠正配准，并由相关辅助文件来定义地图生成的范围以及地图元信息，形成灾害地图图件数据库。基于 WebGIS 可视化技术，采用 MapServer 作为地图服务器，并发布 WMS 服务，实现地图图件与 GIS 数据资源的在线发布与可视化应用。

灾害相关地图图件数据处理流程：

（1）数据采集。防灾减灾平台重点收集东北亚地区、蒙古高原、国内典型区域与灾害相关的地图图件，平台中大多沿用人工读取的方法进行图件数据的采集。

（2）图件扫描与校准。首先将纸质图件扫描成电子版，对扫描后的图像进行处理与校准，并由相关辅助文件来定义地图生成的范围以及地图元信息，形成中国及周边地区与灾害相关的地图图件数据库。

（3）投影变换。每幅地图的比例尺、投影方式与分度带都可能不同，所以数据采集时需要对图件进行投影变换，转换成统一坐标、同一比例尺的数据。基本方法包括：解析变换、数值变换、解析-数值变换。WebGIS 发布对地图投影有具体的要求，软件工具需要对地图图件进行投影转换，生成满足要求的最终结果。

（4）图幅拼接。很多地图图件需要多幅图片拼接处理。平台中已开发的地图资源发布工具具备地图自动化拼接功能，尽量做到地图的无缝镶嵌，减少误差、提高精度。

（5）格式转换。扫描生成的地图图件需要进行矢量栅格化与栅格矢量化的转换过程，完成地图编码及自动生成信息。

4.6.4　功能模块 4（基于单页模式的系列事件发布功能——用于会议发布应用）

基于现代 Web 技术，针对国际研讨会会议发布、新闻发布等特定且独立的系列事件，开发独立的单页信息发布应用（SPA）模块，集成到平台系统中。基于单页模式开发的意义有两个方面：

（1）良好的前后端分离。SPA 和 RESTful 架构一起使用，后端不再负责模板渲染、输出页面工作，Web 前端和各种移动终端地位对等，后端 API 通用化，不用修改就可以用于 Web 界面、手机、平板等多种客户端。

（2）具有桌面应用的即时性、网站的可移植性和可访问性。用户体验更好、更快，内容的改变不需要重新加载整个页面，减轻服务器压力，吞吐能力会提高几倍，使得Web 应用更具响应性。

4.6.5　功能模块 5（防灾减灾科普模块）

防灾减灾知识服务平台整合中国及周边地区灾害背景综合科学普及信息，内容涵盖国际减灾机构、国家减灾的相关政策法规、国家减灾动态、国际减灾情况、科技减灾措施、地震救灾、干旱遥感监测、洪水防治、灾后重建及培训课程等，以知识可视化、信息展示、专题地图的形式展现给用户。

基于单页 Web 应用模式开发防灾减灾科普模块，主要进行灾害资源整合与调用，包括课件、视频、灾害事件等；将整合后的资源信息以图表形式与 WebGIS 技术实现可视化表达，并开发多媒体教育资源。

4.7　前端交互界面介绍

防灾减灾知识服务系统界面如图 4.9 所示。

本系统界面共有 8 项功能接口：News（新闻）、Document（文件）、Data（数据）、Publications（发布文章）、Maps（在线地图）、Applications（知识应用）、Special Services（专题服务）、Education Resources（教育资源）。

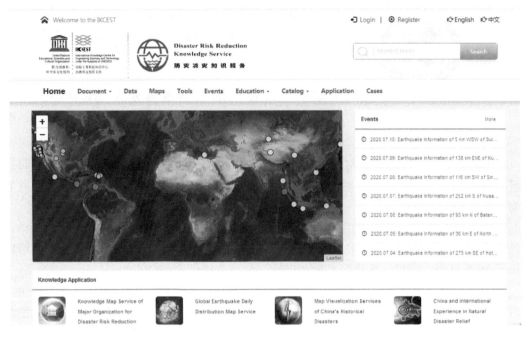

图4.9 防灾减灾知识服务系统平台主页

4.7.1 防灾减灾知识服务系统网站前台使用说明

1. 系统页面头部功能

主页右上角有用户登录的"User"操作键,点击"User",进入"My info",便可看到"Login"(登录)和"Register"(注册)按钮(图4.10)。

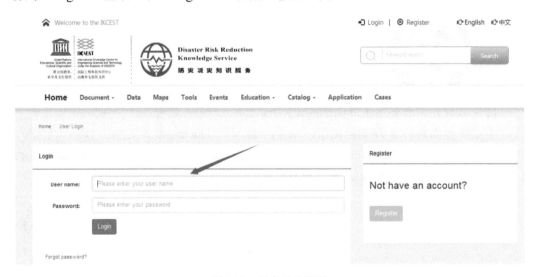

图4.10 用户登录界面

新用户只需要填写自己的用户名，并设置自己的密码及邮箱，即可注册为该平台的用户（图 4.11）。

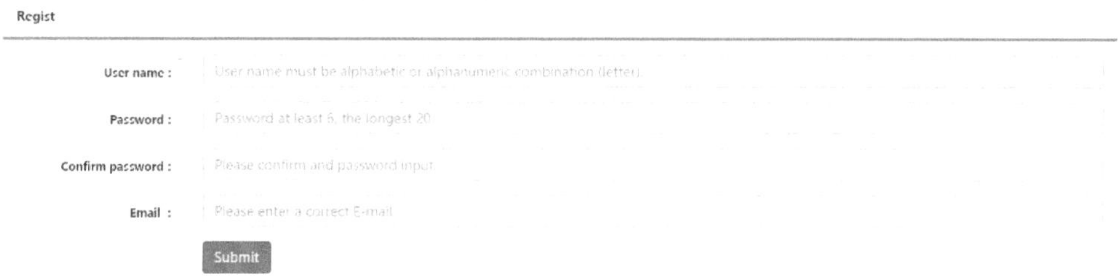

图 4.11　用户注册界面

在平台的右上角可以看到"Keywords search"搜索，通过关键词来搜索。本搜索分为信息搜索、文档搜索、地图搜索以及知识四大类别，点击"Search"查找按钮，完成搜索与查找操作。

2. Post 内容

News、Events、Disaster knowledge、Data 这些内容都是常规的网页发布。

主页右侧的"News"，可选择任意链接方式。主页左侧的"News"栏，显示有题目与内容，呈现简捷、内容完整（图 4.12）。

图 4.12　新闻页信息

单击"More"，可浏览本站所有的新闻内容。

如果想查看更多的内容，链接该题目或是点击"Read more"，都可以访问该条新闻。

同时在文章下面可以填写评论（可以用 MarkDown 语法），点击"submit"，评论完成。注意：自己评论的内容可以自己删除，或者本身有权限者可进行删除。

4.7.2　地图在线模块前台使用说明

防灾减灾知识服务平台地图模块的开发旨在为用户提供在线的地图图件资源与 GeoJson 数据编辑存储功能，并为内容维护人员提供引用相关灾害地图资源的功能。图 4.13 为网站地图资源数据目录库。

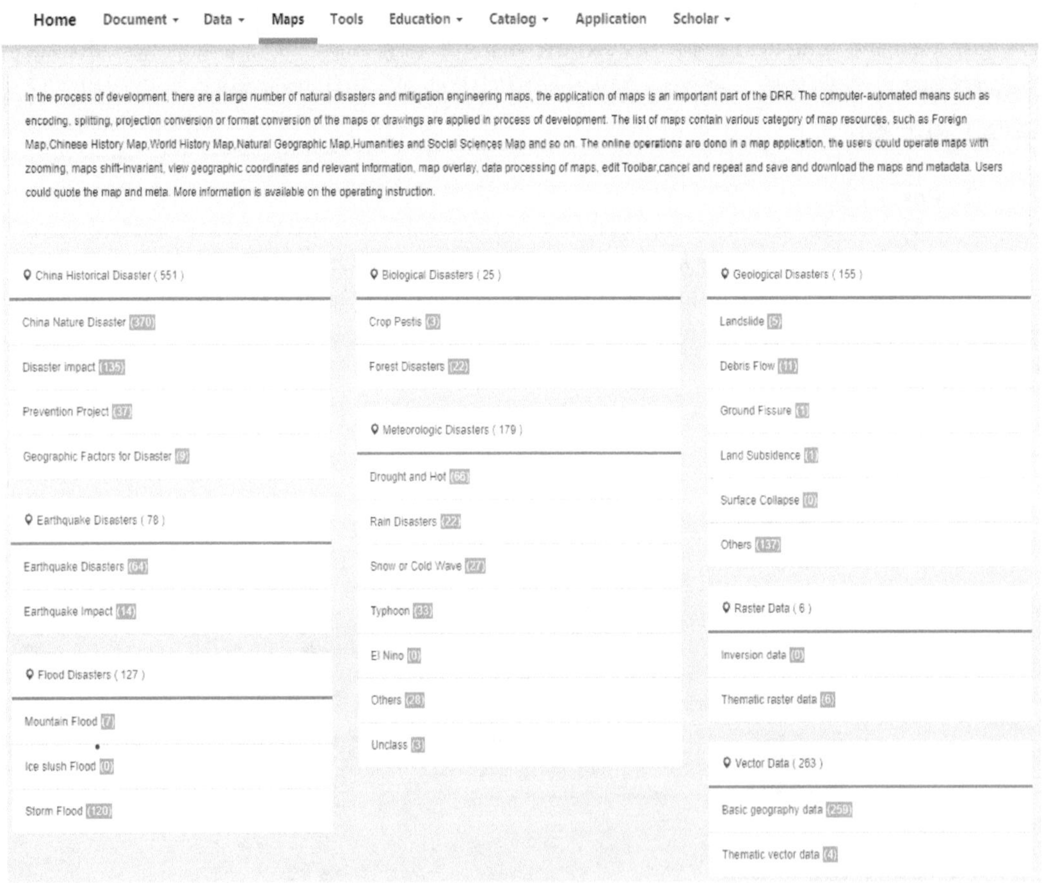

图 4.13　地图资源数据目录

地图在线模块具体实现了以下几点功能：

（1）地图缩放、在线平移。基于 WebGIS 技术，本站在线地图模块的地图资源均可以在线浏览、放大、缩小，在线平移。单击"Maps"，查看本站在线地图目录，进入"National Map"。

点击图 4.14 中的条目，以"National Map"地图目录为例，左上角的"+"代表放大，"−"代表缩小功能。鼠标光标放在图中区域点击鼠标左键拖动地图，便可实现在线平移功能。

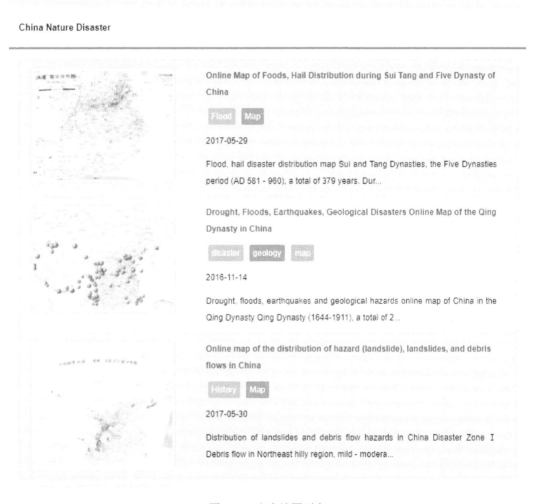

图 4.14　灾害地图列表

（2）查询地图坐标。要查询"National Map"地图中北京的坐标位置，只需用鼠标点击图中北京的位置，即可显示该点的经纬坐标（图 4.15）。这个坐标可以复制使用。

"National Map"地图中右上角黄色区域的代码与图中选中的地点同步，自动生成与地图相关的配置、部署信息，可直接复制使用。

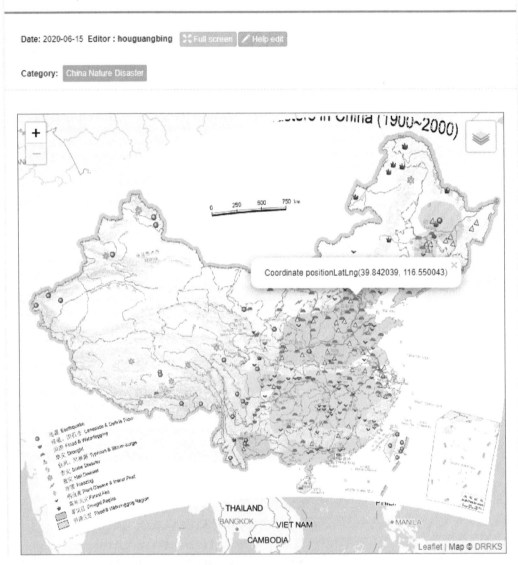

图 4.15　查询地图坐标

　　（3）查询地理位置。单击地图右上方按钮，把"专题地图"前的对号勾选掉，即可直观查看此地图的所在位置，如图 4.16 所示。

　　（4）在线地图叠加。在线叠加功能是 GIS 软件操作里面常用的功能，就是把地理空间坐标一致的地图图件叠加一起，然后对比查看（图 4.17）。

图 4.16　地理位置图

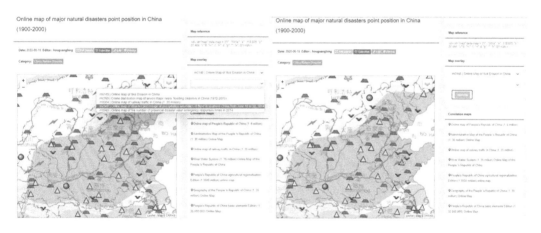

图 4.17　在线地图叠加

（5）当前视图链接共享。有很多时候，查看的地图不仅仅需要地图的链接，还希望共享给别人当前的视图，如缩放的级别、当前的中心位置等。在浏览地图的过程中，经放大与平移操作后，地图链接也随之改变，该链接地址可复制使用，这个链接打开后，会显示出地图，并展示相应视图。单击某一坐标点，也可得到相应链接地址。

（6）位置标注共享。还有一个常用的功能，就是在地图上将某一点标识出来，分享给别人查看。在地图上单击某一点，如北京，得到图 4.18 所示的界面。

图 4.18　位置标注共享

地图下面的链接可分享给别人，打开链接地址就可看到此坐标点的具体地理位置。

4.7.3　防灾减灾知识服务系统后台管理

打开防灾减灾知识服务系统网站后台网址，管理员用户在登录后，可在导航菜单中找到本站的后台管理（Admin）。

防灾减灾知识服务平台根据用户设计不同权限进行管理。后台管理有用户信息及所有信息的操作管理，包括分类管理、单页管理、Document 管理、Info 管理、链接管理等（图 4.19）。

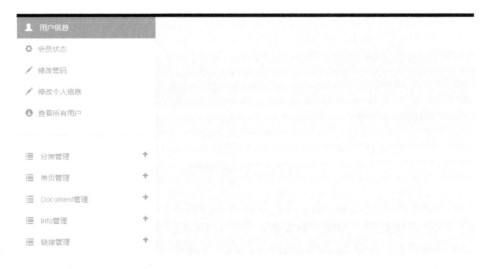

图 4.19　防灾减灾知识服务系统后台界面

后台管理以列表形式集中对平台发布的信息进行管理，实现对内容的增删改查。

//www.climatemps.com/）、世界矿产资源（http: //www.eia.gov/）、维基百科等网站，政府部门网站包括中华人民共和国外交部官网（http: //www.mfa.gov.cn/web/）的国家和组织等，出版图书主要是所涉及的 66 个国家的《列国志》系列丛书。

2）数据整编规范

整编规范主要分为基本国情信息（详细模板见表 5.2～表 5.6）、政治社会经济信息（详细模板见表 5.7～表 5.10）、自然资源信息（详细模板见表 5.11～表 5.13）三大类。数据整编过程中所有的资料来源均在表格相应的地方以"文字描述（网址）"的形式给出；涉及的定量指标均给出统计年份；定量描述列中只填写数值，与文字、符号有关的描述信息均写在文字描述列。

表 5.2　基本国情信息模板

国家名称	国家名中文（英文）					
国情类型	要素	定量描述	单位	文字描述	统计年份	资料来源
地理位置	经纬跨度	**E（W）-**E（W），**N（S）-**N（S）	（°）	位于***	****年	文字描述（网址）
	国土面积	***	km²		****年	文字描述（网址）
	南北长度	***	km		****年	文字描述（网址）
	东西宽度	***	km		****年	文字描述（网址）
	边境线长度	***	km	陆地边界线***km，海岸线***km	****年	文字描述（网址）
	补充描述				****年	文字描述（网址）
行政区划	所属洲			***洲	****年	文字描述（网址）
	州（省）数量	***	个		****年	文字描述（网址）
	市数量	***	个		****年	文字描述（网址）
	首都			首都名称中文（英文）	****年	文字描述（网址）
	主要（重要）城市			列出 3～5 个	****年	文字描述（网址）
地形	最高海拔	***	m	最高海拔所在地	****年	文字描述（网址）
	最低海拔	***	m	最低海拔所在地	****年	文字描述（网址）
	地形地貌说明				****年	文字描述（网址）
土壤	主要土壤类型			***	****年	文字描述（网址）
	补充说明				****年	文字描述（网址）
气候	气候类型			***气候区	****年	文字描述（网址）
	年均温	***	℃		****年	文字描述（网址）
	1 月均温	***	℃		****年	文字描述（网址）
	7 月均温	***	℃		****年	文字描述（网址）
	年降水量	***	mm		****年	文字描述（网址）
	全年日照时数	***	h		****年	文字描述（网址）

表 5.3　河流信息模板

国情类型	编号	河流名称	长度	长度单位	流域面积	流域面积单位	径流量	径流量单位	其他水文指标（水位高低、水量大小、含沙量、汛期、结冰期、补给方式）【可选】	统计年份	数据来源
河流	1	***河	***	km	***	km^2	***	m^3/s		****年	文字描述（网址）
	2	***河	***	km	***	km^2	***	m^3/s		****年	文字描述（网址）
	...										

表 5.4　湖泊信息模板

国情类型	编号	主要湖泊名称	面积	面积单位	其他水文指标（水位高低、水量大小、含沙量、汛期、结冰期、补给方式）【可选】	统计年份	数据来源
湖泊	1	***湖	***	km^2	平均深度：*** m，最大深度：*** m，海拔高度：*** m，含沙量：*** kg/m^3，汛期：**月**日～**月**日，结冰期：**月**日～**月**日	****年	中文描述（网址）
	2	***湖	***	km^2	***	****年	中文描述（网址）
	...						

表 5.5　环境问题信息模板

国情类型	主要环境问题及描述	资料来源
面临的生态环境问题	空气污染：东北电厂燃烧油页岩产生大量二氧化硫和空气污染物，废水污染了中心岛屿的生活用水	中文描述（网址）
	森林砍伐	中文描述（网址）
	土壤侵蚀	中文描述（网址）
	...	

表 5.6　语言民族宗教信息模板

国家名称	***				
类别	要素	内容描述	单位	资料来源	资料年份
语言	官方语言	***语		文字描述（网址）	
	主要语言	***语		文字描述（网址）	
民族	民族数量	***	个	文字描述（网址）	
	民族构成	***族**%，***族**%…		文字描述（网址）	
宗教	主要宗教类型	***教，***教		文字描述（网址）	
	其他宗教类型	***教		文字描述（网址）	

表 5.7　社会信息模板

类别	编号	重要节日名称	文字描述	资料来源
节日	1	***节		文字描述（网址）
	2	***日		文字描述（网址）
	...			

表 5.8　政治与外交信息模板

类别	要素	日期	文字描述	资料来源
政治	政治体制		***制	文字描述（网址）
	主要政党		***党，***党	文字描述（网址）
	主要社会团体		***联合会…	文字描述（网址）
外交	与中国建交时间	****年**月**日		文字描述（网址）

表 5.9　经济信息模板

类别	要素	数量	单位	文字描述	统计年份	参考资料来源
交通运输业	铁路	***	km	***	****年	文字描述（网址）
	公路	***	km	***	****年	文字描述（网址）
	水路		km	***	****年	文字描述（网址）
	航空		t	***	****年	文字描述（网址）
	管道运输		t	***	****年	文字描述（网址）
邮电通信业（信息业）	邮电机构企业数量		个	***	****年	文字描述（网址）
财政与金融	货币			***	****年	文字描述（网址）
	预算收入	***	百万美元	***	****年	文字描述（网址）
	预算支出	***		***	****年	文字描述（网址）
	预算赤字	***		***	****年	文字描述（网址）
对外经济	外贸主要出口商品			***	****年	文字描述（网址）
	外贸主要进口商品			***	****年	文字描述（网址）

表 5.10　教科文卫信息模板

类别	要素	定量描述	单位	文字描述	统计年份	数据来源
教育	高等院校数量	***	个	公办**个，民办**个	****年	文字描述（网址）
	高等院校在校人数	***	万人		****年	文字描述（网址）
	中等学校数量	***	个		****年	文字描述（网址）
	中等学校在校人数	***	万人		****年	文字描述（网址）
科技	研究机构数量	***	个		****年	文字描述（网址）
	科研人员数量	***	人		****年	文字描述（网址）
文化	电影院	***	个		****年	文字描述（网址）
	剧院	***	个		****年	文字描述（网址）
	博物馆	***	个		****年	文字描述（网址）
	图书馆	***	个		****年	文字描述（网址）
卫生	医疗机构数量	***	个		****年	文字描述（网址）
	病床密度	***	个/千人		****年	文字描述（网址）
	医疗人员密度	***	个/千人		****年	文字描述（网址）
体育	体育场馆数量	***	个		****年	文字描述（网址）
	优势体育项目	***		***	****年	文字描述（网址）

表 5.11　水土生物资源信息模板

国家名称	***					
资源类型	要素	数量/值	单位	文字描述【可选】	统计年份	数据来源
土地资源	土地总面积	***	km^2		****年	文字描述（网址）
	农业用地百分比	***	%		****年	文字描述（网址）
	耕地百分比	***	%		****年	文字描述（网址）
	其他土地资源信息	***	km^2		****年	文字描述（网址）
水资源	水资源量	***	$10^8 m^3$		****年	文字描述（网址）
	用水情况	***	$10^8 m^3$		****年	文字描述（网址）
	可再生内陆淡水资源总量	***	$10^8 m^3$		****年	文字描述（网址）
	人均可再生内陆淡水资源	***	$10^8 m^3$		****年	文字描述（网址）
	其他水资源信息	***	$10^8 m^3$		****年	文字描述（网址）
森林资源	森林面积	***	km^2		****年	文字描述（网址）
	森林面积所占比例	***	%		****年	文字描述（网址）
	其他森林资源信息	***	km^2		****年	文字描述（网址）
动物资源	种类（总）	***	类		****年	文字描述（网址）
	哺乳类动物	***	类		****年	文字描述（网址）
	鸟类	***	类		****年	文字描述（网址）
	爬行类	***	类		****年	文字描述（网址）
	鱼类	***	类		****年	文字描述（网址）
	其他动物资源信息	***	类		****年	文字描述（网址）
植物资源	种类（总）	***	类		****年	文字描述（网址）
	其他植物资源信息	***	类		****年	文字描述（网址）

表 5.12　矿产资源信息模板

类型	矿产名称	储量	单位	统计年份	年开采量	单位	统计年份	主要矿区或矿产情况描述【可选】	资料来源
能源	石油	***	百万桶	****年	***	百万桶	****年		文字描述（网址）
	天然气	***	$10^8 m^3$	****年	***	$10^8 m^3$	****年		文字描述（网址）
	煤炭	***	$10^8 t$	****年	***	$10^8 t$	****年		文字描述（网址）
	褐煤	***	$10^8 t$	****年	***	$10^8 t$	****年		文字描述（网址）
金属矿产	粗钢	***	t	****年	***	t	****年		文字描述（网址）
	铁合金	***	t	****年	***	t	****年		文字描述（网址）
	铬铁	***	t	****年	***	t	****年		文字描述（网址）
	镍	***	t	****年	***	t	****年		文字描述（网址）
其他	石膏	***	t	****年	***	t	****年		文字描述（网址）
	海盐	***	t	****年	***	t	****年		文字描述（网址）
	……								

表 5.13　旅游资源信息模板

资源类型	编号	主要景点名称	地理和行政位置	主要景点介绍	来源
旅游业	1	***	经纬度表示或文字描述	文字介绍	文字描述（网址）
	2				

2. 中蒙俄经济走廊灾害数据集

中蒙俄经济走廊是"丝绸之路经济带"的重要组成部分，包含中国东北部和北部的 4 个省份、蒙古国东南部 12 个省以及俄罗斯东西伯利亚、远东南部的 7 个边疆区。该走廊内部有三个通道：一是途经中国华北京津冀、内蒙古二连浩特，蒙古国乌兰巴托，俄罗斯乌兰乌德等重点城市的线路，作用为将蒙俄城市与国内京津冀地区进行联通；二是途经俄罗斯赤塔，中国内蒙古满洲里、哈尔滨、绥芬河，俄罗斯符拉迪沃斯托克（海参崴）等重点城市的线路，旨在确立中国东北沿边地区在太平洋的出海口；三是途经蒙古国乌兰巴托、乔巴山、霍特，中国内蒙古阿尔山、吉林白城、长春、珲春，俄罗斯扎鲁比诺港的路线，旨在拓展图们江大区域合作。建设中蒙俄经济走廊是将中国的"丝绸之路经济带"与俄罗斯的"跨欧亚发展带"、蒙古国的"草原之路"战略进行对接，发挥东北地区联通俄蒙的区位优势，完善黑龙江对俄铁路通道和区域铁路网，以黑龙江、吉林、辽宁与俄远东地区陆海联运合作，加快推进构建北京-莫斯科欧亚高速运输走廊，建设向北开放的重要窗口。

目前，中蒙俄经济走廊沿线地区资源、环境、生态、灾害等相关问题多有发生。其中走廊东北部地区处于中蒙毗邻核心区域，该地区自然地理复杂多样、生态环境脆弱敏感、荒漠化问题严重，同时也是全球荒漠化问题的热点区域。在此区域内部的中蒙铁路是连接中蒙两国的跨境交通干线，随着蒙古国荒漠化问题日趋严峻，其所引起的环境变化也不可避免地给铁路沿线设施建设和周边区域的可持续发展带来巨大风险。处于走廊最东端的黑龙江省及滨海边疆区为另一灾害事件多发区域，黑龙江省属于温带大陆性季风气候，而滨海边疆区属于显著的海洋性季风气候，该区域降水量充足，大部分地区年均降水量在 400～800 mm，其中 80%～90%集中于夏季，根据 EM-DAT 国际灾难数据库统计，2010～2017 年洪水灾害发生次数达到 9 次，基本每年都有发生。其中 2015 年 8 月黑龙江省黑河市暴雨灾害事件中共造成受灾人口 7.9 万人，农作物受灾面积 5.6 万 hm^2，直接损失 9 444.7 万元。因此，通过建立中蒙俄经济走廊灾害数据库，开展区域灾害及相关联的资源、生态、环境等多源数据规范化集成，为建立防灾减灾知识服务平台中蒙俄经济走廊版块提供数据支撑，为中蒙俄经济走廊内部积累、保存、共享相关科研数据提供渠道，也为促进中蒙俄经济走廊的科学建设和绿色发展提供数据平台支撑。

在中蒙俄经济走廊数据库的具体搭建与数据共享过程中，首先通过制定与目标数据对应的信息分类体系，对其进行分类汇聚与编码管理，并基于科学数据生命周期实现各类数据的元数据注册入库、审核发布、目录检索、浏览展示以及维护更新等功能，最终基于信息技术实现多时空尺度要素数据全景式管理和可视化，生成中蒙俄经济走廊灾害数据库各组成部分结果。具体内容如下。

1）中蒙铁路沿线（蒙古段）荒漠化土地覆被分布数据集（2015 年）

本数据集采用面向对象的遥感影像解译方法，获取 2015 年中蒙铁路（蒙古段）沿线 30 m 空间分辨率土地覆被分布数据（图 5.1）；该数据可用于研究中蒙铁路沙漠化风险评估，为预防荒漠化造成的风沙、洪涝等灾害，减轻荒漠化的负面影响提供重要依据。

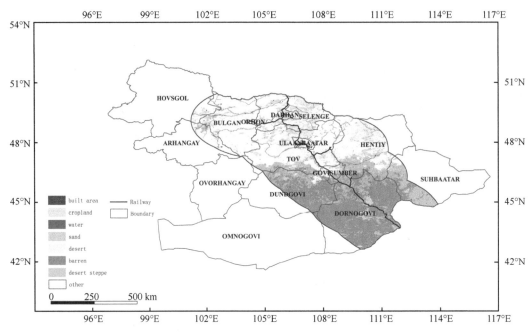

图 5.1　中蒙铁路沿线（蒙古段）荒漠化土地覆被分布图

2）中蒙铁路沿线（蒙古段）荒漠化灾害分布数据集（2000 年、2015 年）

本数据集由 6 个矢量文件和 4 个栅格文件组成。该数据集首先基于 ArcGIS 软件，以中蒙铁路（蒙古段）为中心，向铁路两侧 200 km 范围内延伸，建立荒漠化灾害监测区。然后基于 Landsat 系列遥感影像数据为基础，利用 ENVI 软件定量反演归一化植被指数（NDVI）、修改型土壤调整植被指数（MSAVI）、表土粒度指数（TGSI）、地表反照率（Albedo）和植被覆盖度（FVC）。最后根据该区域的植被覆盖特点，分别构建 Albedo-NDVI、Albedo-MSAVI、Albedo-TGSI 三种特征空间模型，提取荒漠化信息，从而实现中蒙铁路沿线（蒙古段）荒漠化程度分级，得到中蒙铁路沿线（蒙古段）2000 年、2015 年荒漠化现状图（图 5.2）。

3）中蒙铁路沿线（蒙古段）土地退化数据集（1990～2010 年以及 1990～2015 年）

本数据集由 18 个矢量文件和 2 个栅格文件组成。该数据集基于多源遥感影像数据，采用面向对象分类方法，获取 30 m 空间分辨率的中蒙铁路沿线（蒙古段）1990 年、2010年、2015 年土地覆盖数据产品。基于所得土地覆被解译数据，将明显未发生土地退化现象的森林、草甸与典型草地合并归类为无土地退化区域，并单独提取荒漠草地、裸地、沙地、沙漠等地物信息。在 GIS 空间分析模块的技术支持下，分别将 1990 年与 2010 年、

1990 年与 2015 年三期土地覆被数据进行叠加运算，构建土地覆被转移矩阵，建立土地退化与土地恢复类型体系，得到 30 m 空间分辨率的中蒙铁路沿线（蒙古段）1990～2010年、1990～2015 年土地退化与土地恢复数据（图 5.3）。

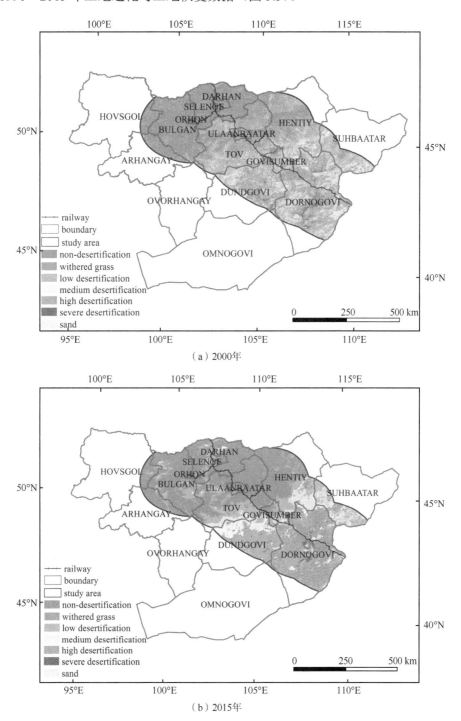

（a）2000 年

（b）2015 年

图 5.2　中蒙铁路沿线（蒙古段）荒漠化灾害分布图

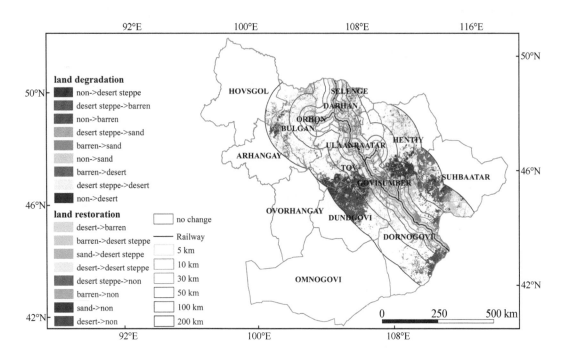

图 5.3　中蒙铁路沿线（蒙古段）土地退化分布图

4）中俄毗邻地区气象资源数据集

本数据集共包含 56 个栅格文件。该数据集以 1 km×1 km 为基本栅格单元，根据 1984～2013 年中俄毗邻地区四季代表月（1 月、4 月、7 月、10 月）的气温、相对湿度、风速等气象要素的插值所得出的栅格数据，及温湿指数与风寒指数计算公式，应用 ArcGIS 空间分析模块的栅格计算器，计算得出各月温湿指数及风寒指数栅格图像；然后，根据两种气候舒适评价模型分级标准将图像进行分级，得出逐月气候舒适性空间分布（图 5.4）。

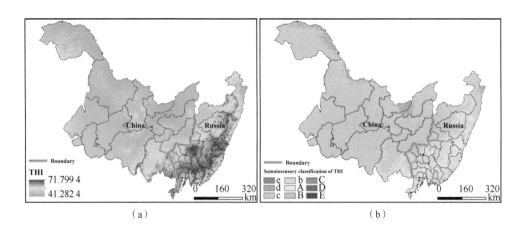

（a）　　　　　　　　　　　　　　　　（b）

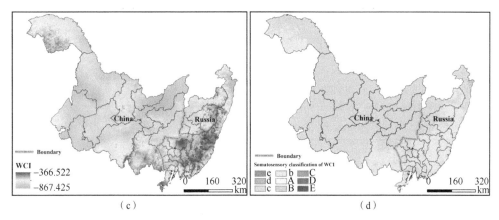

（c）　　　　　　　　　　　　　　　　（d）

图 5.4　中俄毗邻地区 4 月温湿指数、风寒指数及对应舒适等级空间分布示意图

5）中俄毗邻地区暴雨洪涝风险分布数据集

本数据集共包含 17 个栅格文件。该数据集依据 1980～2016 年研究区的气象、地形地貌、人口经济等基础数据，运用数据归一化、加权综合评价、百分位数以及自然断点分级等处理手段及研究方法，设定 3～5 月为春季、6～8 月为夏季、9～11 月为秋季、12～2 月为冬季，确定研究区对应时期的致灾因子危险性、孕灾环境敏感性以及承灾体易损性三个指标的区划结果，最后对研究区一年四季各时期的暴雨洪涝灾害风险进行综合评价分析，并生成逐季节暴雨洪涝灾害风险分布图（图 5.5）。

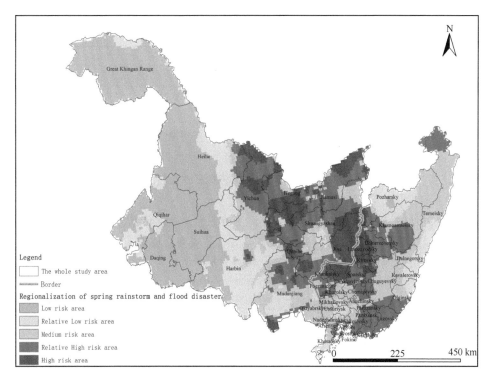

图 5.5　中俄毗邻地区春季暴雨洪涝风险分布图

6）中俄毗邻地区极端气候数据集

本数据集基于气象站逐日气温、降水等多源数据，采用百分位阈值法计算各气象站的极端低温、高温和降水日数，利用克里金插值得到极端天气事件的空间分布特征（见图5.6）。该数据集显示了中俄两国毗邻地区的极端气温和降水日数，有助于用户了解该地区极端天气事件的时空分布，为用户和进一步研究提供参考及依据。

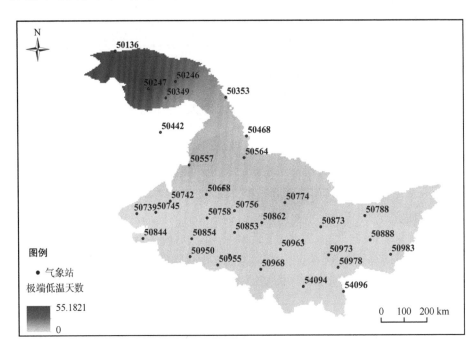

图 5.6　1999～2010 年黑龙江省极端低温日数分布图

3. 中巴经济走廊灾害数据库

中巴经济走廊作为"一带一路"倡议的六大经济走廊之一，始于中国新疆喀什，终至巴基斯坦瓜达尔港，全长3 000多千米，北接"丝绸之路经济带"，南连"21世纪海上丝绸之路"，涉及交通、能源、光缆和海洋等领域的全面合作，是"一带一路"建设的先行先试区、重中之重和"旗舰项目"。

中巴经济走廊沿线自然灾害类型多样、分布广泛、活动频繁、危害方式多样，灾害损失惨重，是影响和威胁中巴经济走廊建设及中巴战略合作的主控因子，阻滞了中巴经济走廊区域牵引效应的充分发挥。受国民经济发展水平、科技实力和经费投入的限制，巴基斯坦对于本国内中巴经济走廊沿线的资源、环境、生态、灾害等缺乏全面、系统的调查、分析与研究，现有的观测数据、调查资料大多局限于局部重点区域，环境基础数据及灾害信息极为缺乏。

目前，中巴经济走廊区域在资源、环境、生态、灾害等方面的数据需求迫切，系列重大工程的规划和建设、地球科学前沿问题研究、重大防灾减灾应急以及科研支撑等活动极度缺乏环境基础数据支撑。破解中巴经济走廊复杂环境条件下的多源异构信息同化难题，开展区域资源、环境、生态、灾害数据规范化集成，建设长时空序列基础数据产品，建立中巴经济走廊灾害数据库，形成稳定、自主可控的科学数据服务能力，最大化实现数据的共享价值，对于促进中巴经济走廊的科学研究与可持续发展具有重要的科学和应用意义。

通过制定中巴经济走廊数据信息分类体系，实现中巴经济走廊数据信息的分类汇聚与编码管理；基于科学数据的生命周期，实现各类数据的元数据注册入库、审核发布、目录检索、浏览展示以及维护更新等功能；基于信息技术实现多时空尺度要素数据全景式管理和可视化，构建中巴经济走廊灾害数据库。

1）中巴经济走廊地区土地利用数据集

土地覆被数据来自欧洲航天局（https: //cds.climate.copernicus.eu/）。该数据集的空间范围为全球，时间范围为 1992～2018 年，空间分辨率为 300 m，时间分辨率为年。该数据集依据联合国粮农组织（UN FAO）的土地覆被分类系统，将土地覆被分为 22 类（如表 5.14 所示）。通过对原始数据的格式转换和裁剪，得到中巴经济走廊地区土地覆被数据集。图 5.7 展示了中巴经济走廊地区 1992 年和 2015 年的土地覆被数据。

表 5.14　土地覆被类型分类体系

土地覆被类型代码	说明
10，11，12	旱地
20	水田
30	耕地和自然植被混合（耕地＞50%）
40	耕地和自然植被混合（耕地＜50%）
50	常绿阔叶林
60，61，62	落叶阔叶林
70，71，72	常绿针叶林
80，81，82	落叶针叶林
90	阔叶和针叶混合
100	草本和木本混合（木本＞50%）
110	草本和木本混合（木本＜50%）
120，121，122	灌木
130	草地
140	地衣和苔藓
150，151，152，153	稀疏植被（植被＜15%）
160	被淡水或微咸水淹没的乔木
170	被咸水淹没的乔木
180	被水淹没的灌木或草本
190	建成区
200，201，202	裸地
210	水体
220	永久冰雪

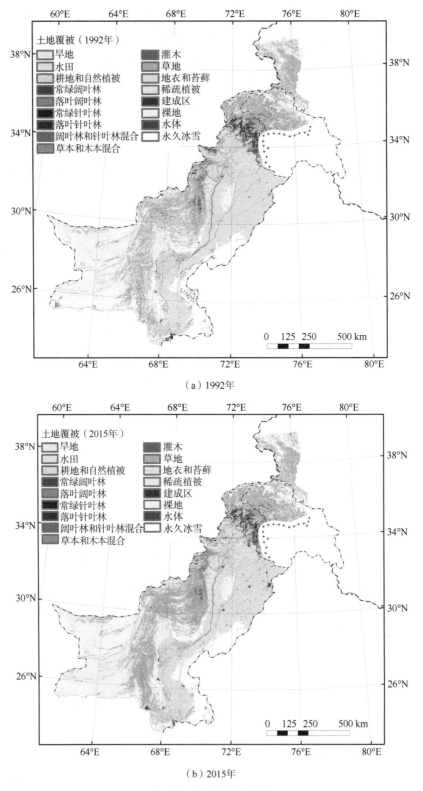

（a）1992年

（b）2015年

图 5.7　区域土地利用图

2）中巴经济走廊地区高温热浪数据集

使用组合热浪阈值（CHWT）方法生成热浪数据集。在 CHWT 中，使用相对温度阈值（RTT）和绝对温度阈值（ATT）的组合来定义热浪。首先，当一个地方的温度长期高于历史温度时，它反映了极端高温的可能性。因此，建立了 1989～2018 年某一天历史温度的概率分布函数（PDF），并选取不同百分位对应的温度作为 RTT 来判断热浪，定义为气候相对温度阈值（CRTT）。其次，当某一天的温度在当年的温度序列中较高时，也反映了极端高温的可能性。因此，我们构建了日温度的 PDF，并通过设置不同的百分位数阈值来定义 RTT，将其定义为年相对温度阈值（ARTT）。最后，当温度高于 RTT 时，并不一定意味着出现热浪（如冬季）。因此，通过设置一个绝对温度阈值来避免这种情况。使用不同的组合 CRTT 和 ATT、ARTT 和 ATT 来定义高温阈值，达到高温阈值和持续时间阈值（DT）的天气过程称为热浪。

高温热浪数据空间范围覆盖中巴经济走廊，时间覆盖范围为 2000～2019 年，高温热浪指标包括频次、总持续时间、最长持续时间、最高温度、首次开始日期、末次结束日期。

中巴经济走廊高温热浪损失程度数据集生成流程见图 5.8。中巴经济走廊 2018 年高温热浪见图 5.9。

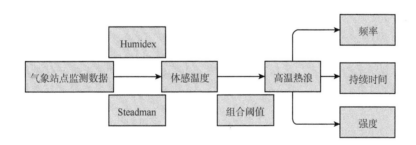

图 5.8　中巴经济走廊高温热浪损失程度数据集生成流程

3）中巴经济走廊地区人口数据集

人口空间分布数据是基本的数据，整合代表性的 SEDAC、Worldpop 等数据资源，通过数据格式转换和裁剪整编，得到中巴经济走廊 2000～2020 年百米分辨率的人口分布数据。中巴经济走廊 2015 年人口空间分布数据见图 5.10。

4）中巴经济走廊地区社会经济数据集

通过 DRYAD 的全球 GDP 格网数据，下载获取 GDP 代表性数据，空间分辨率为 1 km，时间范围为 1990～2015 年，每 5 年一期。通过数据格式转换和裁剪整编得到中巴经济走廊 1990～2015 年的 GDP 数据。中巴经济走廊 2015 年的 GDP 数据见图 5.11。

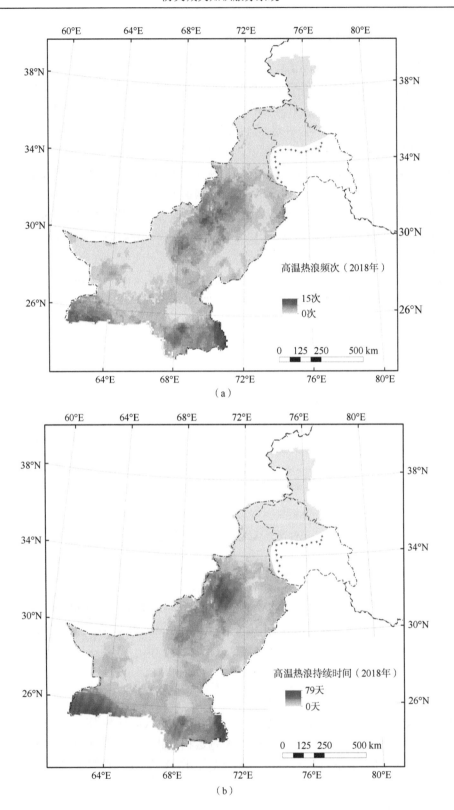

（a）

（b）

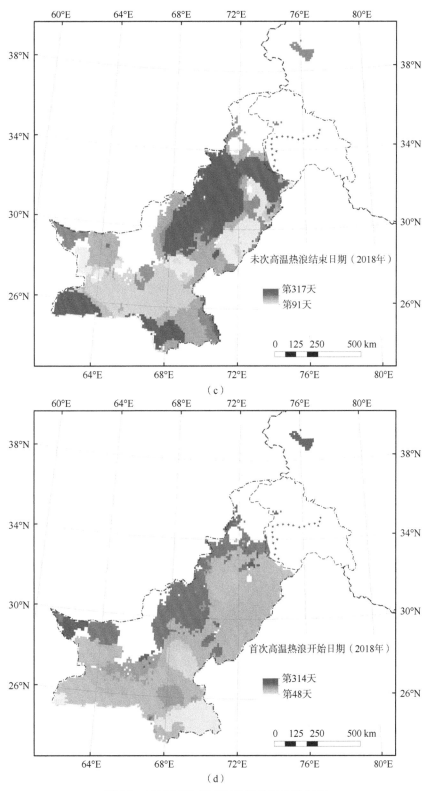

图 5.9　区域 2018 年高温热浪各指数示意图

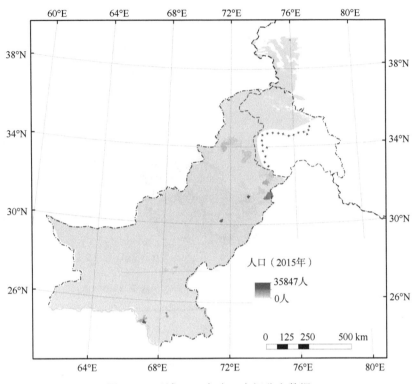

图 5.10　区域 2015 年人口空间分布数据

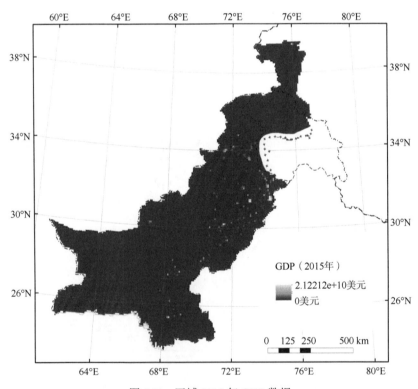

图 5.11　区域 2015 年 GDP 数据

5）中巴经济走廊南亚植被关键物候参数数据集

下载 2000～2018 年历史时期的 MODIS NDVI/EVI 植被指数数据，并基于 Timesat 工具和 Savitzky-Golay（S-G）滤波处理计算得到植被指数生长季振幅、生长季开始期、生长季结束期、生长季长度、生长季中间点位、生长季开始期增长率、生长季结束期下降率等中巴经济走廊地区植被关键物候指数数据集。

6）巴基斯坦的 NPP-VIIRS 夜间灯光年度、月度产品数据集

夜间灯光是人类活动的产物，基本上不受季节变化影响，不存在物候的波动，因此其数值在时间上大概率是平滑波动的。然而夜间灯光数据还会受到大气、云雨、月光等方面的影响，即使是月度产品也会出现较大幅度的波动。这些波动导致的偏移从日产品融合成月产品然后变得更加均匀弥散，因此在空间上，相对于夜间灯光信号这样小面积的高频信号，大气导致的扰动是低频信号。本研究通过设计一个空间上的高通滤波器来去除大气等噪声的扰动，剩下高频的夜光信号。所制作的年度产品和月度产品各有侧重点，年度产品侧重空间上的去扰动，而月度产品侧重于时间上的去扰动。在应用上同样有所不同，年度产品更侧重空间上的纹理分析，月度产品更侧重时间上的波动细节。巴基斯坦的 NPP-VIIRS 夜光年度、月度产品生成总体路线图见图 5.12。

利用 NPP-VIIRS 夜间灯光遥感数据获取 2012～2020 年覆盖整个巴基斯坦的 500 m 夜光年度、月度产品，而 NPP-VIIRS 夜光数据由于受到大气、月光、极昼等方面的影响，在时序上出现很大的波动和不一致的状况，使用一种利用平滑约束等方法的夜光数据一致性处理模型，在确保数据真实性和精度的基础上，最大程度地去除 NPP-VIIRS 夜光遥感数据的噪声和误差，提高长时间序列年度、月度数据间的一致性和连续性，为获得标准的年度、月度夜光遥感数据集提供技术支持。其处理流程如图 5.13 所示。

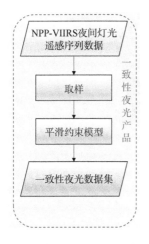

图 5.12　巴基斯坦的 NPP-VIIRS 夜光年度、
月度产品生成总体路线图

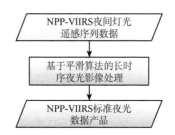

图 5.13　夜光序列数据处理流程

NPP-VIIRS 夜光数据一致性处理的难点在于：①NOAA 发布的月度产品部分月份高纬度地区受到极昼影响数据缺失；②低纬度地区数据失真与噪声较多。为了解决这两个问题，通过建立一个时序夜光数据平滑约束模型，对数据进行一致性处理。算法的中心思想是：针对高、低纬度地区噪声来源的差异，采用不同的处理方式，通过时序间的关系拟合，对缺失数据以及异常值进行多次迭代的插值平滑，最终得到一致性的产品。图 5.14 是夜光数据一致性处理的技术框图。

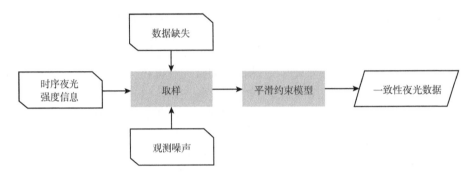

图 5.14 夜光数据一致性处理技术路线图

7）中巴经济走廊基础影像数据集

数据来源于 NASA 与美国地质调查局官方网站（https: //earthexplorer.usgs.gov/），筛选并下载 2018 年 12 月～2019 年 2 月共 93 景可覆盖区域的 Landsat8 OLI 影像，如图 5.15 所示。

图 5.15 区域原始遥感影像覆盖图

校正与镶嵌图：基于上述原始影像，利用 ENVI 5.3 软件，对其进行大气校正与几何校正，并对校正后的影像进行镶嵌操作，如图 5.16 所示。

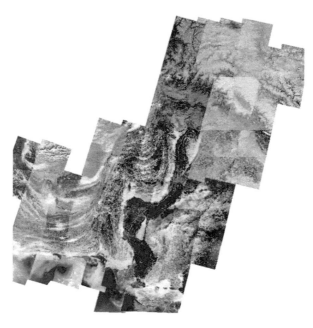

图 5.16　区域校正与镶嵌图

裁剪与匀色图：基于上述校正与镶嵌影像，利用 ENVI 5.3 以巴基斯坦行政区划及中国新疆部分地区 shp 文件为边界，进行掩膜提取，并对其进行匀色处理，使影像颜色表达细腻、颜色过渡正常，如图 5.17 所示。

图 5.17　区域匀色图

中巴经济走廊影像专题图：基于上述裁剪与匀色影像，利用 ArcGIS10.2 添加适当的制图要素，绘制巴基斯坦及中国新疆部分区域影像图。该图包含研究区影像、中巴经济走廊线路、重要节点城市、相关数据与制图信息说明等内容，图片影像清晰，地图要素美观。

8）中巴经济走廊主要城市 2020 年高分辨率遥感影像数据集

高分二号（GF-2）卫星是我国自主研制的首颗空间分辨率优于 1 m 的民用光学遥感卫星，搭载有两台高分辨率 1 m 全色、4 m 多光谱相机，具有亚米级空间分辨率、高定位精度和快速姿态机动能力等特点。GF-2 卫星轨道和姿态控制参数见表 5.15，有效载荷技术指标见表 5.16。

表 5.15 GF-2 卫星轨道和姿态控制参数

参数	指标
轨道类型	太阳同步回归轨道
轨道高度	631 km
轨道倾角	97.908 0°
降交点地方时	10:30 AM
回归周期	69 天

表 5.16 GF-2 卫星有效载荷技术指标

项目	谱段号	谱段范围/μm	空间分辨率/m	幅宽/km	侧摆能力	重访时间/天
全色多光谱相机	1	0.45～0.90	1	45（2 台相机组合）	正负 35°	5
	2	0.45～0.52	4			
	3	0.52～0.59				
	4	0.63～0.69				
	5	0.77～0.89				

中巴经济走廊主要城市 2020 年高分辨率遥感影像数据集包括巴基斯坦伊斯兰堡、卡拉奇、拉合尔、拉瓦尔品第、奎达、吉尔吉特、瓜达尔港和中国喀什（表 5.17），数据来源于自然资源卫星遥感云服务平台（http://www.sasclouds.com/chinese/home）。

表 5.17 中巴经济走廊主要城市 2020 年高分辨率遥感影像数据集

城市/地点	影像
伊斯兰堡	
卡拉奇	
拉合尔	

续表

城市/地点	影像
拉瓦尔品第	
奎达	
吉尔吉特	

城市/地点	影像
瓜达尔港	
喀什	

9）中巴经济走廊地形数据集

数字地形模型（digital terrain model，DEM）是许多山地灾害预判和评估的基础，数据来源于 ASTER（advanced spaceborne thermal emission and reflection radiometer）Global Digital Elevation Model（GDEM）。该数据提供了地球陆地地区的全球数字高程模型（DEM），其空间分辨率为 1 弧秒（在赤道的水平位置大约 30 m）。ASTER GDEM 数据产品的开发是美国国家航空航天局（NASA）和日本经济产业省（METI）共同努力的结果。ASTER GDEM 数据产品是由东京的传感器信息实验室公司（Silc）开发的。对下载的 DEM 数据进行镶嵌、裁剪、投影，然后计算研究区域的坡度和坡向，分别绘制研究区的地形图、坡度图和坡向图，如图 5.18～图 5.20 所示。

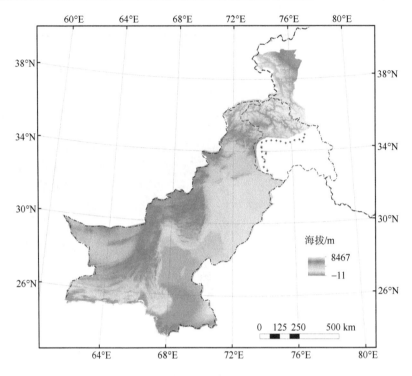

图 5.18　区域地形图

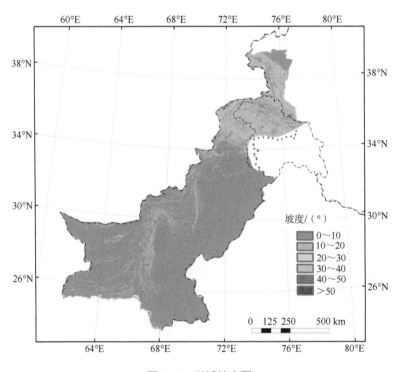

图 5.19　区域坡度图

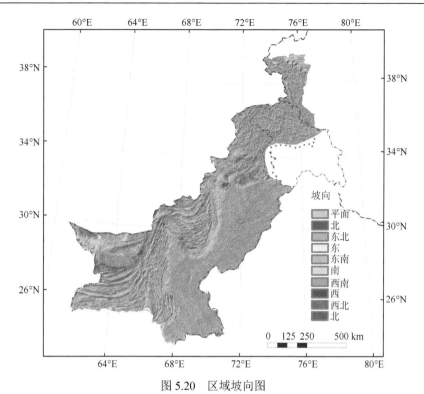

图 5.20 区域坡向图

为更直观地显示中巴经济走廊的坡向分布，已将坡向图的分辨率调整为 1 km

10）中巴经济走廊地震灾害数据集

使用的数据包括 1960～2000 年中巴经济走廊的地震灾害信息。该数据集采用数据抓取、搜集、整理等方式从 USGS 搜索、参考文献等处获取，描述了一些关于时间、灾害类型、震源深度、位置等的地震信息。该数据集可以帮助用户了解地震发生的时间和空间分布，为一些预防地震灾害相关科学研究提供强有力的支持。

利用 ArcGIS10.4，对在 USGS 下载的地震数据，进行批量预处理，得到 1960～2000 年的多期中巴经济走廊地震数据集。选取震级在 1～7.9 级的数据，按照时间顺序分别得到 1960～1970 年、1970～1980 年、1980～1990 年、1990～2000 年的中巴经济走廊地震灾害数据集。具体流程见图 5.21。

11）1960～2000 年中巴经济走廊地震数据

利用 USGS，筛选并下载中巴经济走廊历年地震数据，处理得到地震分布的矢量数据。图 5.22～图 5.25 分别为 1960～1970 年、1970～1980 年、1980～1990 年、1990～2000 年中巴经济走廊地震数据集。由这些数据集可以看出，地震主要分布在巴基斯坦的东北部地区以及东北西南方向的轴线附近，并且地震发生的次数在不断上升。

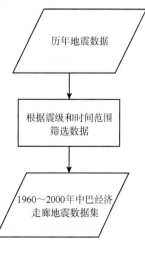

图 5.21 技术路线图

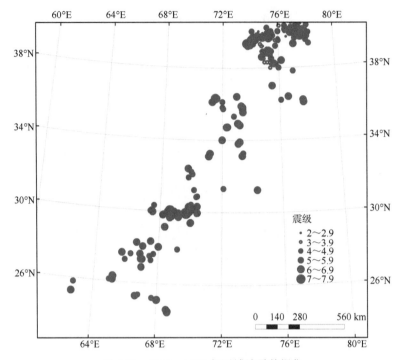

图 5.22　1960～1970 年区域地震数据集

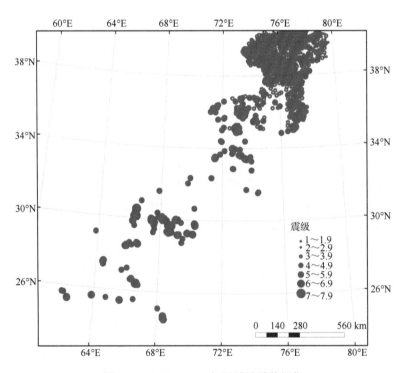

图 5.23　1970～1980 年区域地震数据集

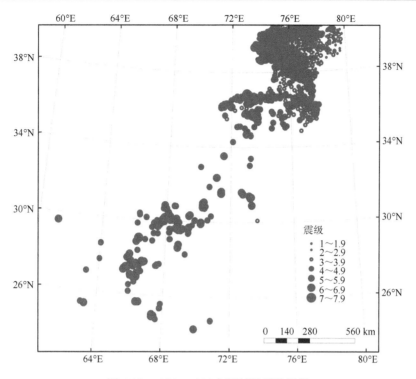

图 5.24　1980～1990 年区域地震数据集

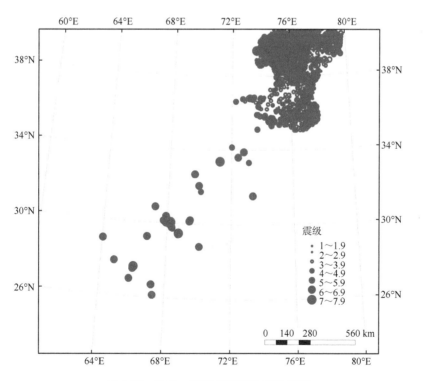

图 5.25　1990～2000 年区域地震数据集

4. 孟中印缅高温热浪和低温冷害历史灾害事件数据库

孟中印缅高温热浪和低温冷害灾害事件数据库：高温热浪和低温冷害作为中低纬度中直接对人类身体健康产生重大影响的极端气候事件，其影响程度逐渐加剧。通过数据搜集、网络爬取、挖掘分析，获取孟中印缅近百年来重要高温热浪和低温冷害历史灾害事件发生时间、地点、属性信息，建立孟中印缅地区高温热浪和低温冷害历史事件数据集。

数据库名称：孟中印缅高温热浪、低温冷害、干旱火灾、洪水暴雨的风险评估和损失程度数据库。

1）背景

孟印缅及中国西南地区地处亚热带与热带季风气候区，因自然条件制约，高温洪涝灾害频繁发生，对该区域发展和人类安全带来重大威胁。近些年，高温热浪、低温冷害、干旱林火、洪涝暴雨是该区域直接对人类身体健康产生重大影响的极端气候事件，其影响程度逐渐加剧。开展孟中印缅地区高温热浪、低温冷害、干旱、洪水暴雨等的风险评估，建设区域特色数据库可为孟中印缅地区可持续发展和保障人类生命财产安全提供必要的信息与科技支撑。

2）内容

基于新闻、报告和相关研究成果，搜集、挖掘和整编孟中印缅高温热浪、低温冷害、干旱火灾、洪水暴雨历史事件的损失程度数据，可对孟中印缅地区的高温、冻害、干旱、洪涝等灾害进行风险评估。

3）数据指标

灾害历史事件：发生时间、发生国家、发生省/州市、受伤人数、死亡人数、经济损失、作物减产量等。

气候站点监测数据指标：温度、降水、相对湿度、气压、风速等。

基础地理指标数据：行政边界、DEM 高程、坡度、河网密度、交通道路、植被覆盖度、气候分区、人口密度、GDP、土地利用类型等。

遥感影像数据：Landsat、Sentinel、高分卫星、资源三号等系列中高分辨率遥感卫星影像数据。

高温热浪、低温冷害、干旱火灾、洪水暴雨灾害风险评估：基于多种指标从致灾因子、孕灾环境和承灾体方面进行风险评估。采用 AHP 方法与 AHP_熵权法确定权重，指标的选取全面考虑了灾害风险的危险性、敏感性和易损性，具体包括：①建立基于致灾因子、孕灾环境和承灾体的灾害风险评估指标体系；②通过比较 AHP 方法和 AHP_熵权法的结果，进行灾害风险评估；③借助 GIS 实现孟中印缅地区灾害风险区划，识别灾害高风险区。

4）数据来源与计算方法

数据部分来自于 EM-DAT 数据库、历史新闻、研究报告、研究文献，经过数据清洗和统计等，形成高温热浪和低温冷害历史事件发生的损失程度数据库。

根据气象站点监测数据计算高温热浪发生频率、强度、持续时间、影响范围等指标，计算洪涝发生雨季的降雨量、暴雨天数，也有的利用 CRU-NCEP-V7 逐日降水数据（https://rda.ucar.edu/datasets/ds314.3/）。

土壤数据，来源于世界土壤数据库 HWSD（http://www.fao.org/soils-portall/soil-survey/soil-maps-and-databases/harmonized-word-soil-datdbase-v12/en/）。

人口密度数据和 GDP 预测数据，来源于 NASA 的社会经济数据应用中心 SEDAC（http://earthdata.nasa.gov/eosdis/daacs/sedac）。

基础地理信息数据，来源于国家测绘局地理信息局标准地图服务网站（http://bzdt.ch.mnr.gov.cn/），河网数据来源于全球河网数据库（http://gaia.geosci.unc.edu/rivers/）。

DEM 数据来源于美国国家航空航天局提供的 SRTM 数据（http://srtm.csi.cgiar.org/download）。根据数字高程 DEM 计算孟中印缅地区的坡度。

根据遥感数据提取土地利用类型、植被指数/覆盖度、植被物候、地表温度、地表反射率等遥感产品。部分遥感产品来源于国家综合地球观测数据共享平台（http://www.chinageoss.cn/dsp/home/index.jsp）和 MODIS 土地覆盖类型产品（https://modis.gsfc.nasa.gov/data/）。

为了提高精度并保证数据的一致性，使用 ArcGIS10.2 对所有指标数据进行校正然后统一进行重采样，最后输出为 1 km×1 km 分辨率的栅格数据。

5.2　地　图　资　源

5.2.1　灾害地图资源元数据结构

中国灾害地图图件元数据库是对中国灾害地图进行扫描、纠正等处理后，形成地图图件数据库，并建立元数据库对图件信息进行维护。

中国灾害地图图件元数据描述规范见表 5.18。

表 5.18　中国灾害地图图件元数据描述规范表

序号	中文名称	英文名称	数据类型	频次范围	最大长度	复用标准
1	灾害地图图件数据元素集	china_disaster_map_meta	容器类元素			
2	图件 ID	id	String		100	
3	类别	category	String	[0，∞)	100	
4	视图中心经度	map_x	Decimal			
5	视图中心纬度	map_y	Decimal			
6	缺省视图级别	zoom	Int			
7	最大视图级别	zoom_max	Int			
8	最小视图级别	zoom_min	Int			
9	图件来源	source	String	[1，∞)	500	
10	图件发布日期	publishe_date	Date			
11	出版社	publisher	String	[0，∞)	500	
12	空间参考	crs	String	[1，∞)	1000	
13	详情地址	detail_URI	String	[0，∞)	1000	
14	管理信息	admin_list	容器类元素			参见管理通用容器

5.2.2　灾害地图库介绍

1. 背景

自然灾害和减灾工程图的应用是 DRR 的重要组成部分。计算机自动化意味着在开发过程中应用地图或图纸的编码、分割、投影转换或格式转换等功能。地图列表包含各种地图资源,例如其他国家地图、中国历史地图、世界历史地图、自然地理地图、人文社会科学地图等。在线操作是在地图应用程序中完成的,用户可以缩放操作地图、不变地移动地图、查看地理坐标和相关信息、地图叠加、地图数据处理、编辑工具栏、取消和重复以及保存和下载地图及元数据,还可以引用地图和元数据。

2. 技术方案

在服务器端,基于 PostgreSQL 数据库,设计数据存储的字段,包含地震的经纬度、日期、震级等,使用 Python 语言开发服务器端访问 PostgreSQL 数据库的接口,实现基本的数据库应用程序;浏览器端使用 WebGIS 前端类库 LealetJS 或 OpenLayers,结合 Bootstrap 框架,开发实现数据可视化、在线编辑、保存、在线叠加、地图引用等操作;根据地震相关模型,可以实现地震若干指标的在线计算,实现时空分析功能。最后,前后端程序分别集成到目前网站程序之中。

3. 技术实现

浏览器端使用 WebGIS 前端类库 LealetJS 或 OpenLayers,结合 Bootstrap 框架。在线地图资源的服务接口是由 MapServer 根据国际 Web 服务接口标准生成的。多种类型的中国历史灾害地图作为 WebGIS 服务发布。WebGIS 可视化技术已应用于历史灾害知识服务中。地图可以在线发布为地理数据。所有地图均已进行几何校正,并且可以相互叠加。MapServer 和 LeafletJS 技术用于支持可视化功能。

4. 结果说明

地图资源分为 8 个类别,其中有中国历史灾害 372 幅、地震灾害 58 幅、洪水灾害 72 幅、生物灾害 23 幅、气象灾害 94 幅、地质灾害 142 幅、栅格数据 6 幅、矢量数据 281 幅(表 5.19)。

表 5.19　灾害地图资源

灾害类型	数据	类别网址
地震灾害	58 幅	http://drr.ikcest.org/list/dis_earthquake_disasters
洪水灾害	72 幅	http://drr.ikcest.org/list/dis_flood_disasters
生物灾害	23 幅	http://drr.ikcest.org/list/dis_biological_disasters
气象灾害	94 幅	http://drr.ikcest.org/list/dis_meteorologic_disasters
地质灾害	142 幅	http://drr.ikcest.org/list/dis_geological_disasters

　　点击详细地图资源后，将显示地图的详细信息，其中包括标题、类别、标签、纬度、经度、当前缩放比例、最大缩放比例、最小缩放比例和地图内容。在"全屏"模式下，用户可以在线编辑 GeoJson 数据，例如添加新标记、新折线或新多边形；还支持诸如浏览、缩放、叠加等常用操作，在地图的下方有视图保存功能。在地图上方添加，增加地图在线叠加，滑动滚动条，可以设置叠加的大小及范围、对比查看功能，当需要对比两幅地图信息时，可以启动此功能。

5.3　课　件　资　源

5.3.1　课件资源元数据结构

　　课件是具有共同教学目标的可在计算机上展现的文字、声音、图像、视频等素材的集合。

　　课件元素集元素简表见表 5.20。

表 5.20　课件元素集元素简表

序号	中文名称	英文名称	数据类型	频次范围	最大长度	复用标准
1	唯一标识	identifier	String	[0，∞)	100	
2	课件名称	title	String		500	
3	授课教师	Teacher	String		100	
4	授课教师职称	Title	String		100	
5	授课教师所属机构	Orgnization	String		100	
6	视频时长	Length	Int			
7	摘要	Abstract	Text			
8	语种	Language	String	[0，∞)	100	
9	学科	Subject	String		100	
10	培训时间	Training time	Date			
11	课件简介	Brief Introduction	Text		1000	

5.3.2　课件资源介绍

　　视频课件专题库主要包括遥感、环境、灾害数据管理与共享、灾害评估等与减灾相关的视频课件资源，授课时间主要为 2015～2020 年。截至 2020 年底，已收录 80 个视频课件资源供用户在线访问（http://drr.ikcest.org/filter/2102），如图 5.26 所示。

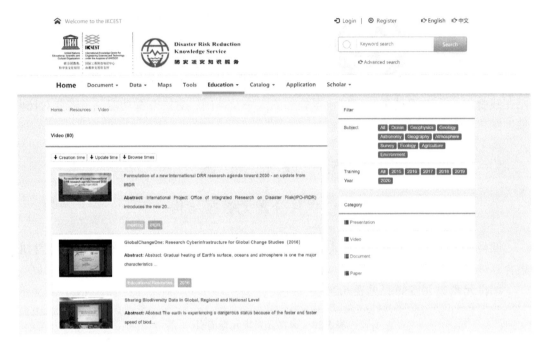

图 5.26　课件版块截屏

5.4 专家资源

5.4.1 专家资源元数据结构

　　防灾减灾专家库包括地震、洪涝、干旱等防灾减灾相关领域专家的信息，包括专家姓名、学科、工作经历、单位、主页、访问链接、国籍等详细信息，专家库结构见表 5.21。

表 5.21　防灾减灾专家库结构

编号	字段名	数据类型	长度	主键	是否为空	描述
1	GUID	varchar	50	是	否	系统唯一标识符
2	Dataset ID	varchar	50		否	所属数据集的标识符 ID
3	Name	varchar	30		否	姓名
4	Sex	Int	1			性别
5	Birthday	varchar	50			出生年月
6	Degree	Int	1			学历
7	Title	Int	1		否	职称
8	Education	varchar	2 000		否	教育经历
9	Work Experience	varchar	2 000		否	工作经历
10	Subject	varchar	2 000		否	研究领域方向
11	Achievement	varchar	4 000			成果奖励
12	Affiliation	varchar	200		否	所在单位
13	Nationality	varchar	200		否	国籍
14	Email	varchar	100		否	电子邮箱

续表

编号	字段名	数据类型	长度	主键	是否为空	描述
15	Home Page	varchar	200			专家主页
16	Last Modified	timestamp			否	更新时间
17	Resources Type	varchar	50		否	资源建设方式
18	Access Link	varchar	自由文本			在线链接地址

5.4.2 专家资源库介绍

该数据库通过网络抓取、搜索、编译、翻译等方法获取并经质量控制，当前已获得了 254 条专家信息，供用户查询浏览（http://drr.ikcest.org/filter/3111），如图 5.27 所示。

图 5.27 专家资源库页面

5.5 机 构 资 源

5.5.1 机构库元数据结构

防灾减灾知识服务系统的机构库包括地震、洪涝、干旱等防灾减灾相关领域的组织机构信息。每个数据包括机构名称、国家、网站链接、经纬度信息、简介、相关灾害类型等详细信息。防灾减灾机构库元数据结构见表 5.22。

表 5.22　防灾减灾机构库元数据结构

编号	字段名	数据类型	长度	主键	是否为空	描述
1	GUID	字符串	自由文本	是	否	系统唯一标识符
2	Name	字符串	自由文本		否	中文名称
3	EnglishName	字符串	自由文本		否	英文名称
4	Country	字符串	自由文本		否	国家
5	City	字符串	自由文本		否	城市
6	Longitude	字符串	自由文本			经度
7	Latitude	字符串	自由文本			纬度
8	Type	字符串	自由文本		否	灾害类型
9	Abstract	字符串	自由文本		否	机构概况
10	Link	字符串	自由文本			网址
11	Remarks	字符串	自由文本			备注

5.5.2　机构库介绍

通过网络抓取、搜索、编译、翻译等方法获取并经过质量控制，目前已有 264 条组织信息，供用户查询浏览（http://drr.ikcest.org/filter/3112），如图 5.28 所示。

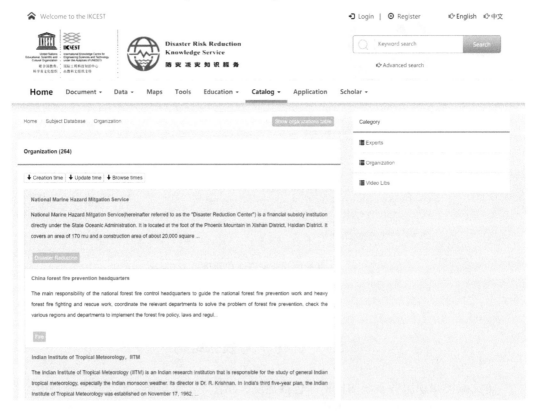

图 5.28　机构库版块截屏

5.6　教程与科普资源

自然灾害给人类的生产和生活带来了不同程度的损害。据统计，地球上每年约发生 500 多万次地震，地震造成建筑物与构筑物的破坏，如房屋倒塌、桥梁断落、水坝开裂、铁轨变形等。洪涝主要危害农作物生长，造成作物减产或绝收，破坏农业以及其他产业的正常发展。干旱导致土壤水分持续严重不足，对人类生产生活及农作物带来严重危害。雷电常伴有强烈的阵风和暴雨，有时还伴有冰雹和龙卷风，经常导致人员伤亡，还可能导致供配电系统、通信设备、民用电器的损坏，引起森林火灾，仓储、炼油厂、油田等燃烧甚至爆炸，造成重大的经济损失和不良社会影响等。科普内容将地震、洪涝、干旱、雷电等信息显示出来，内容通俗易懂，可为大家广泛普及科学知识和生活常识（图 5.29）。

Self-help knowledge of earthquake disaster

Earthquake and its definition

Earthquakes, also known as ground vibrations, are the vibrations that occur during the rapid release of energy from the earth's crust and are a natural phenomenon of seismic waves. The collision in plates on the earth results in faulting and rupture within the plates and edges , that is the main cause of earthquakes.

The place where the earthquake started was called the hypocenter, and the ground just above the epicenter is called the epicenter. The most severe ground vibration of a destructive earthquake is called a "polar earthquake zone" which is often the epicenter of the earthquake. Earthquakes often cause heavy secondary casualties, such as fires, floods, poisonous gas leaks, bacteria, radioactive materials,tsunamis, landslides, and ground fissures.

Edit

…[More]

When an earthquake occurs, how do you save yourself in the following situations?

图 5.29　科普版块示意图

在服务器端，基于 PostgreSQL 数据库，设计数据存储的字段，包含数据的标题、内容等相关字段，使用 Python 语言开发服务器端访问 PostgreSQL 数据库的接口，实现基本的数据库应用程序；浏览器端使用 HTML5+CSS3，结合 Bootstrap 框架将数据逐一展示出来，并单独制作地震、洪水等相关知识 PPT 供用户了解查看。

用户可以通过页面查看地震、洪涝、干旱、雷电等相关信息（包括数据、视频等）。当用户点击浏览页面时，会显示相应灾害图文说明，包括地震自救知识、地震科学知识讲座、洪灾自救知识、如何应对洪水等，供用户获取更多相关资源。教程与科普资源网址说明见表 5.23。

表 5.23　教程与科普资源网址说明

内容	网址
GIS 原理、Python 与开源 GIS 翻译	http: //drr.ikcest.org/leaf/
开源 WebGIS 教程	http: //drr.ikcest.org/webgis/
专题培训课件与视频	http: //drr.ikcest.org/filter/2100
科普资源：包括地震防护、洪水防护以及一些视频	http: //drr.ikcest.org/science.html

第6章 防灾减灾知识服务系统在线知识应用

6.1 知识服务概述

知识服务系统是针对工程科技等特定领域，从专业数据库、数字图书馆、互联网等数据源中持续汇聚各类数字资源形成大数据，通过自动分析技术或结合专家智慧、群体智慧的半自动分析技术，抽取信息发现知识，并为广大工程科技工作者提供咨询、科研等专业级的知识服务系统。一个知识服务系统通常具备以下四大特征：①知识来源；②知识加工；③知识组织；④知识服务。

6.2 在线知识应用

防灾减灾知识服务系统建设的目的是形成系统的、完备的、中国及周边国家和地区的灾害事件信息与防灾减灾专题数据库，包括防灾减灾组织机构分布专题应用、全球地震实时监测分布地图应用、中国历史灾害地图可视化应用等；以大数据挖掘和分析技术为支撑，以中国及周边地区和世界典型地区主要灾种为对象，整合与集成了跨学科、跨领域、多语言灾害数据和信息，以网页的形式发布。防灾减灾知识服务系统在线知识应用见表6.1。

表 6.1 防灾减灾知识服务系统在线知识应用列表

序号	知识应用名称	在线地址	服务功能
1	防灾减灾组织机构知识地图服务	http://drr.ikcest.org/app/s8349	获取全球灾害机构，并提供在线可视化和一站式导航服务
2	全球地震分布可视化地图服务	http://drr.ikcest.org/app/s9834	实时通过 USGS 接口，获取全球地震分布数据，并在线可视化展示
3	中国历史灾害地图可视化服务	http://drr.ikcest.org/app/s7834	获取历史地图图件，经扫描纠正等处理后可视化发布，提供编辑功能
4	防灾减灾典型案例的中国和国际经验	http://drr.ikcest.org/case/index.html	收集全球典型案例，从灾前预防、灾中救援和灾后重建等方面展示
5	中国南方森林冰冻雨雪防灾减灾知识应用	http://drr.ikcest.org/knowledge_service/forest.html	利用 Anusplin 软件进行空间离散化处理，并提供可视化服务
6	中国松辽流域洪水灾害防洪抢险知识应用	http://drr.ikcest.org/knowledge_service/control_flood.html	基于 WebGIS 功能，提供洪水灾害数据和信息空间分布展示与分析服务
7	"一带一路"耕地干旱水平时空展示专题知识应用	http://drr.ikcest.org/knowledge_service/drought.html	建立降水距平百分率干旱模型，提供耕地分布的展示和时空序列分析
8	鄱阳湖悬浮物浓度反演逐季空间分布数据服务知识应用	http://drr.ikcest.org/knowledge_service/poyang_lake.html	对鄱阳湖 4 个季节进行数据建模反演，形成多年时空序列可视化分析
9	蒙古高原干旱监测逐年空间分布数据服务知识应用	http://drr.ikcest.org/knowledge_service/mongolian.html	基于 Ts-NDVI 通用特征空间构建稳定的干旱监测模型，实现多年时空序列分析

序号	知识应用名称	在线地址	服务功能
10	鄱阳湖叶绿素浓度反演逐季空间分布数据服务知识应用	http://drr.ikcest.org/knowledge_service/poyang_yls.html	采用半经验、经验方法获得鄱阳湖叶绿素 a 浓度估算模型,实现可视化分析
11	蒙古国孕灾环境土地覆盖全要素数据服务知识应用	http://drr.ikcest.org/knowledge_service/mongolian_lc.html	利用面向对象的解译方法获得各类型土地覆盖要素的分布,并可视化展示分析
12	中蒙俄经济走廊主要历史灾害分布时空数据服务知识应用	http://drr.ikcest.org/knowledge_service/zmezl.html	收集多源灾害数据和信息,并提供可视化展示和分析
13	寿光洪水灾害公众情绪时空分布知识应用	http://drr.ikcest.org/knowledge_service/shouguang.html	利用微博文本大数据、LDA 主题模型和随机森林算法进行话题抽取与分类
14	"一带一路"孕灾环境数据知识服务应用	http://drr.ikcest.org/knowledge_service/the_belt_and_road.html	通过网络、文本、统计等多源手段,获得"一带一路"沿线国家基础国情信息,并在线展示和服务
15	"一带一路"中蒙俄经济走廊草地产草量知识应用	http://drr.ikcest.org/knowledge_service/grassland_yield.html	构建中蒙铁路沿线(蒙古段)产草量估算模型,获得长时间序列产品并可视化
16	新冠肺炎疫情舆情分析知识应用	http://drr.ikcest.org/knowledge_service/ncp.html	基于新浪微博大数据,获取中国在新型冠状病毒肺炎疫情期间的公众舆情并可视化
17	中蒙铁路沿线蒙古段荒漠化监测知识应用	http://drr.ikcest.org/knowledge_service/china_mongolia.html	获取中蒙铁路沿线(蒙古段)荒漠化分布数据,分析区域荒漠化分布格局,确定荒漠化重点区域
18	中巴经济走廊自然灾害知识应用	http://drr.ikcest.org/knowledge_service/cpec.html	基于 WebGIS 技术实现中巴经济走廊多时空尺度要素数据管理和可视化。包括基础地理、土地覆被、自然资源、生态环境、自然灾害、遥感产品等数据
19	"一带一路"地区历史气象空间制图知识应用	http://drr.ikcest.org/knowledge_service/meteorological.html	基于 WorldClim 历史气象数据提取气温、降水量等数据信息,进行可视化分析
20	全球地震数据库时空分析与可视化知识应用	http://drr.ikcest.org/knowledge_service/geq.html	收集全球地震灾害数据,利用开源 WebGIS 工具进行可视化和检索,利用多个指标的地震数据或数据子集进行在线计算,实现时空分析

注:该列表为截至 2020 年 12 月的知识服务。知识服务栏目会根据用户需求进行动态更新。

6.2.1　全球地震分布可视化地图服务

1. 背景

灾害给人类的生产和生活带来了不同程度的损害,包括以劳动为媒介的人与自然之间以及与之相关的人与人之间的关系。世界范围内重大的突发性自然灾害包括旱灾、洪涝、台风、风暴潮、冻害、雹灾、海啸、地震等。地震直接灾害是地震的原生现象,主要有:地面的破坏,建筑物与构筑物的破坏,山体等自然物的破坏(如滑坡、泥石流等),海啸、地光烧伤等。基于全球地震带来的危害,全球地震分布可视化地图服务将全球每日地震事件直接显示在世界地图上，多台服务器用于从美国地质调查局获取数据并存储到相应的数据库中。用户还可以在地图上获取地震事件的属性信息。

基于 WebGIS 相关技术进行自行值守数据获取，处理周期为每天，对地震权威网站如中国地震台网、中国地震局、中国地震信息网、USGS 美国地质调查局等网络提供的接口进行应用，获取全球地震数据元数据信息，包括地震具体时间及地理位置、震级、伤亡情况、城市受损情况、周边城市波及情况、政府应急机制等，将地震数据进行抓取、清理、保存，建立相应数据库进行存储。其中，防灾减灾知识服务系统使用 pycsw 软件，按国际化 OGC CSW 标准发布元数据接口，以实现数据的交换与互操作；使用 MapServer，依照国际化 WMS 规范发布 Web 地图服务接口；搜集各种 RSS Feed，按 RSS 标准发布对外接口，当用户发布 XML 文件时，这个 RSS Feed 中包含的文件信息就能被防灾减灾知识服务站点直接调用，使得每个人都成为潜在的信息提供者。

2. 技术方案

浏览器端使用 WebGIS 前端类库以地图的形式，将每日地震信息按经纬度进行展示。鼠标点击相应地区进行展示国家、地址以及震级等信息。

3. 技术实现

浏览器端使用 WebGIS 前端类库 LealetJS，结合 Bootstrap 框架，通过调用相关接口对数据进行解析，将地址、国家、震级等相关信息展示在地图中，实现全球地震分布可视化地图功能。

4. 结果说明

用户可以通过地图视图查看当前所有地震事件的分布情况。当用户点击任意一个坐标点（地图视图）时，会显示地震信息。地震事件属性包括震级、位置等信息，供用户获取更多的相关资源。

全球地震分布可视化地图服务见图 6.1。

6.2.2　防灾减灾组织机构知识地图服务

1. 背景

本平台采集了大量关于防灾减灾的组织机构，并采用可视化应用手段展示在网站中。用户可以通过访问本平台服务系统门户网站查询、检索并获取相关灾害的知识信息；灾害知识信息的发布与传播将在数据挖掘技术、可视化技术等支持下建立用户友好的、多样化的灾信息传播方式。

防灾减灾组织机构分布专题应用以地图与数据显示，可切换界面查看信息。分布地图以坐标点显示，单击某坐标点，即可弹出该组织机构的简要信息；链接其蓝色字体，即可链接至该机构网站。

图 6.1　全球地震分布可视化地图服务

2. 技术方案

在服务器端，基于 PostgreSQL 数据库，设计数据存储的字段，包含机构的经纬度、机构名称等相关字段，使用 Python 语言开发服务器端访问 PostgreSQL 数据库的接口，实现基本的数据库应用程序；浏览器端使用 WebGIS 前端类库 LealetJS，结合 Bootstrap框架，利用 WebGIS 技术实现了数据和地图的可视化应用，包括地图视图模式和数据视图模式。地图视图：组织的地图数据已转换为 GeoJson 格式并显示在地图分幅上。通过坐标点显示单个组织的位置、标题信息与地图链接，点击标题时显示组织的主页。数据视图：组织以列表形式显示，包含标题和位置信息，标题信息也显示在地图视图中作为链接。

3. 结果说明

单击地图视图中的任意坐标点，将显示组织信息。用户可以通过页面浏览获取更多的相关信息资源。

防灾减灾组织机构知识地图服务见图 6.2。

图 6.2　防灾减灾组织机构知识地图服务

6.2.3　中国历史灾害地图可视化服务

1. 背景

中国是世界上遭受地震灾害最为严重的国家之一，也是地震灾害记载最为悠久和丰富的国家之一，多种文献都有地震灾害的记载。随着政府对综合防灾工作的加强，对地震灾害数据资料的需要越来越迫切，应用越来越广泛。因此，有必要不失时机地把散见于多种文献的灾害数据资料收集起来，进行整理加工，并建立数据库，为政府和科研机构进行震害预测、科学决策和灾害研究提供服务。中国历史灾害地图数据库建立的主要内容：选取优秀网络资料，开发爬虫脚本程序，获取与保存地震信息，形成中国历史灾害地图集，包括洪水地图、地震地图、历史地图、自然灾害地图、区划地图等。在该图集中可打开地图或全屏查看该应用下的单幅地图，还可以进一步开展"一带一路"沿线国家的灾害背景数据整合、标准化处理和翻译。

在线地图资源的服务接口遵循国际 Web 服务接口标准。多类型的中国历史灾害地图作为 WebGIS 服务发布。所有的地图都是几何纠正的，可以互相重叠。

2. 技术方案

在服务器端，基于 PostgreSQL 数据库，设计数据存储的字段，包含地震的经纬度、日期、震级等，使用 Python 语言开发服务器端访问 PostgreSQL 数据库的接口，实现基本的数据库应用程序；浏览器端使用 WebGIS 前端类库，开发实现数据可视化、检索与数据下载的界面；根据地震相关模型，可以实现地震若干指标的在线计算，实现时空分析功能。

3. 技术实现

浏览器端使用 WebGIS 前端类库 LealetJS，结合 Bootstrap 框架。在线地图资源的服务接口是由 MapServer 根据国际 Web 服务接口标准生成的。多种类型的中国历史灾害地图作为 WebGIS 服务发布。WebGIS 可视化技术已应用于历史灾害知识服务中。

4. 结果说明

中国历史灾害地图可视化服务见图 6.3。打开在线地图后，将显示地图的详细信息，其中包括标题、类别、标签、纬度、经度、当前缩放比例、最大缩放比例、最小缩放比例和地图内容。在"全屏"模式下，用户可以在线编辑 GeoJson 数据，例如添加新标记、新折线或新多边形，还支持诸如浏览、缩放、覆盖之类的常用操作（图 6.4）。在地图上方添加，增加地图在线叠加、对比查看（图 6.5）功能。

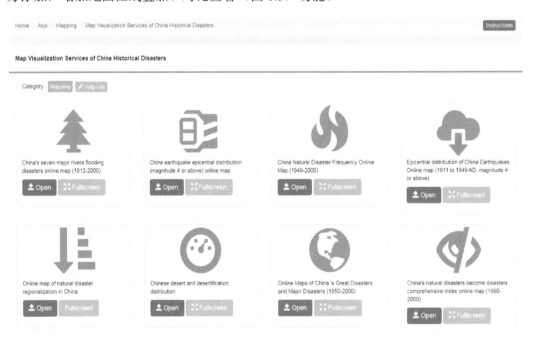

图 6.3　中国历史灾害地图服务知识应用

图 6.4　历史地图基本信息

图 6.5　历史地图对比查看

6.2.4　"一带一路"耕地干旱水平时空展示专题知识应用

1. 背景

基于 TRMM 降水数据，利用降水距平百分率干旱模型，计算了 50°N 以南的"一带一路"沿线地区 2001~2013 年逐月干旱时空分布；基于 MCD12Q1 土地覆被数据产品，提取获得 2001~2013 年"一带一路"沿线地区逐月耕地时空分布，分析"一带一路"地区耕地区域的干旱水平和时空分布。

2. 技术方案

浏览器端使用 WebGIS 前端类库 LealetJS，结合 Bootstrap 框架。MapServer 是参照国际规范和标准发布 Web 地图服务（WMS）的。数据和 MapBox 图块的组合用于生成 GIS 地图视图。打开应用程序页面后，可以将 GIS 地图可视化为地图服务。

3. 技术实现

该应用程序显示了 2001~2013 年干旱的月时空分布。根据相关数据，实现根据年、月在线检索展示功能及数据可视化与检索的界面。最后，前后端程序分别集成到目前的网站程序之中，实现了将 GIS 地图可视化为地图服务。

4. 结果说明

用户可在"月"和"年"下拉菜单中，选取所需的月份和年份。应用程序页面中列出了其他链接（如数据），供用户获取更多的相关资源。

"一带一路"耕地干旱水平时空展示专题知识应用见图 6.6。

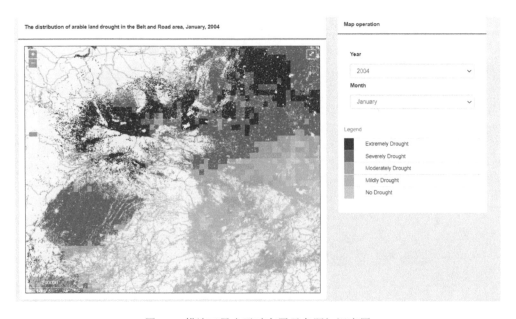

图 6.6　耕地干旱水平时空展示专题知识应用

6.2.5　中国松辽流域洪水灾害防洪抢险知识应用

1. 背景

松辽盆地是一个大型陆地沉积盆地，被中国东北的大兴安岭、小兴安岭和长白山包围。它横跨辽宁、吉林和黑龙江三个省与内蒙古呼伦贝尔盟、兴安盟、通辽市和赤峰市四个城市，面积为 260 000 km²，与松花江和辽河相交。寒冷湿润的森林、草地和草原构成了它的景观。收集了辽宁省、吉林省、黑龙江省和内蒙古自治区基本地理、水文和洪水灾害的相关数据与信息。行政区划、景观、土壤、交通道路、河流、湖泊、水库、流域范围、洪水、暴雨和台风的信息和数据被用于松辽盆地的防洪知识服务。

2. 技术方案

MapServer 作为地图发布器，前端使用 Leaflet JavaScript 库，实现了地图在线浏览、查看地图坐标、在线地图叠加、视图链接共享、位置标注共享的功能。建立信息服务模块，实现松辽流域防洪抗灾专题信息空间分布的检索、查询、在线分析等可视化知识服务功能。

3. 技术实现

在本应用中对行政区划、景观、土壤、交通道路、河流、湖泊、水库、流域范围、洪水、暴雨和台风的信息与数据进行了优先排序。MapServer 用于参考国际规范和标准 Web Map Service（WMS）发布地图服务。

4. 结果说明

打开应用程序页面后，可以将 GIS 地图可视化为地图服务。打开在线应用程序后，基础地理、水文和洪水灾害的文档与信息将通过标签控制进行分类。应用页面中列出了相关链接，以供用户获取更多的阅读信息（图 6.7）。

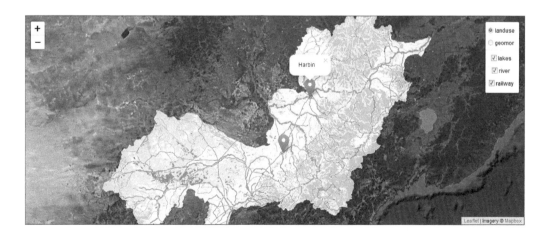

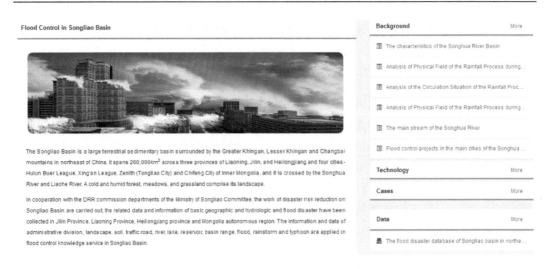

图 6.7　中国松辽流域洪水灾害防洪抢险知识应用

6.2.6　鄱阳湖叶绿素浓度反演逐季空间分布数据服务知识应用

1. 背景

鄱阳湖是中国最大的淡水湖，在防洪调控、蓄洪和生物多样性保护方面发挥着重要作用。水中叶绿素 a 的浓度水平可以反映初级生产力状况，它也是评估富营养化程度的重要指标。遥感技术有利于鄱阳湖叶绿素 a 浓度的监测，具有覆盖范围广、成本低、易于长期动态监测的优点。

2. 技术方案

浏览器端使用 WebGIS 前端类库 LealetJS，结合 Bootstrap 框架，开发实现数据可视化与检索的界面；基于相关数据，实现根据年、月等日期条件的在线检索展示功能。

3. 技术实现

借助 WebGIS 技术，已发布了中国鄱阳湖（2009～2012 年）季节性叶绿素 a 浓度的空间分布应用。该应用程序显示了 2009～2012 年每年 1 月、4 月、7 月和 10 月测得的叶绿素 a 浓度数据。当应用页面打开时，卫星地图图像可以可视化为地图服务。在应用程序页面右侧的地图操作中，用户可以选择不同的年份和月份来查看相应的数据地图。

4. 结果说明

本知识应用利用 MODIS 数据采用半经验、经验方法分期得到 2009～2012 年鄱阳湖叶绿素 a 浓度估算模型，并对其结果进行精度验证，最后得到鄱阳湖 2009～2012 年每年 1 月、4 月、7 月和 10 月的叶绿素 a 浓度分布数据并提供分析服务（图 6.8）。

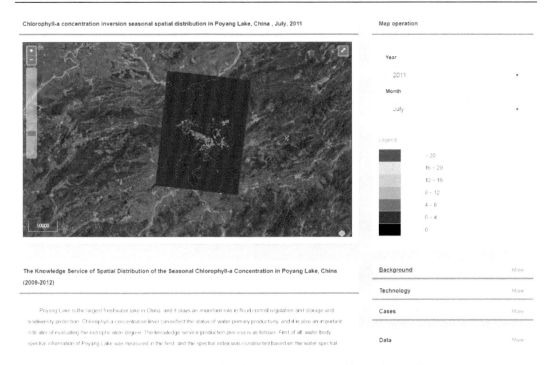

图 6.8　鄱阳湖叶绿素浓度反演逐季空间分布数据服务知识应用

6.2.7　鄱阳湖悬浮物浓度反演逐季空间分布数据服务知识应用

1. 背景

悬浮固体浓度是评估水质和环境的重要参数。基于遥感技术，获取湖泊中悬浮物浓度的时空分布信息对湖泊环境管理具有重要意义。鄱阳湖最显著的特征之一是干湿季节的水位差异很大。在雨季，水库绵延数百公里，而较浅的湿地和以芦苇为主的地区在整个旱季中分布广泛。

2. 技术方案

浏览器端使用 WebGIS 前端类库 LealetJS，结合 Bootstrap 框架，开发实现数据可视化与检索的界面；基于相关数据，实现根据年、月等日期条件的在线检索展示功能。

3. 技术实现

借助 WebGIS 技术，已发布了鄱阳湖（2000～2013 年）季节性悬浮物浓度的空间分布应用。此应用程序显示了 2000～2013 年每年 1 月、2 月、4 月、7 月、10 月和 12 月测得的悬浮固体浓度数据。当应用页面打开时，卫星地图图像可以可视化为地图服务。在应用程序页面右侧的地图操作中，用户可以选择不同的年份和月份来查看相应的数据地图。

4. 结果说明

本知识应用对鄱阳湖春季、夏季、秋季和冬季的实测 SSC 数据进行了线性回归分析，并对同一时期的多波段 MODIS 图像进行了分析，建立 4 个季节反演模型，获得 2000～2013 年逐季的悬浮物空间分布数据并提供分析服务（图 6.9）。

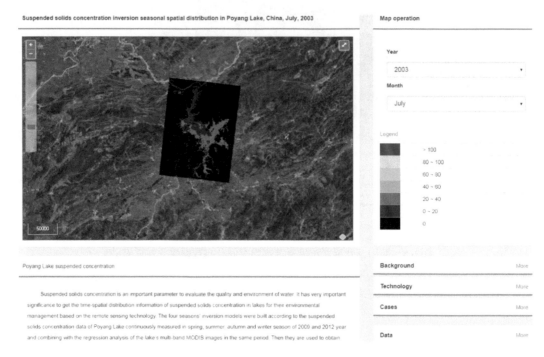

图 6.9　鄱阳湖悬浮物浓度反演逐季空间分布数据服务知识应用

6.2.8　蒙古高原干旱监测逐年空间分布数据服务知识应用

1. 背景

蒙古高原植被退化、干旱等环境问题一直是东北亚气候变化及生态环境变化的研究热点，然而对于该区稳定的干旱监测模型构建及蒙古国与内蒙古在地表植被覆盖变化及干旱演变过程中的时空差异性研究还很缺乏。基于这一科学问题，本知识服务利用 1981～1999 年 NOAAAVHRRNDVI-PathFinder 10 天合成遥感数据及 2000～2012 年 MODIS 植被指数和地表温度数据集，基于 T_s-NDVI 通用特征空间构建了稳定的干旱监测模型，以温度植被干旱指数（TVDI）为基础展示蒙古高原旱情的时空分布特征。

2. 技术方案

浏览器端使用 WebGIS 前端类库 LealetJS，结合 Bootstrap 框架，开发实现数据可视化与检索的界面；基于相关数据，实现根据年份等日期条件的在线检索展示功能。最后，前后端程序分别集成到目前的网站程序之中，实现了将 GIS 地图可视化为地图服务。

3. 技术实现

基于 NOAA-AVHRR-NDVI 探路者（pathfinder）和 MODIS 数据的反演 TVDI 可以解释干旱的宏观时空分布和变化规律。蒙古高原植被覆盖与干旱具有明显的地带性分布，与土地利用/土地覆盖类型密切相关。不同土地利用/土地覆被区域的 TVDI 变化存在差异，能够反映与干旱分布的关系。

4. 结果说明

在侧栏导航中选择 GIS 数据操作，可以看到相应的选项，然后单击下拉箭头显示年列表，包括 1981～2012 年的年份；文件和信息按标签控制分类；附加链接（如数据）在应用程序页面中列出，供用户获取更多的相关资源（图 6.10）。

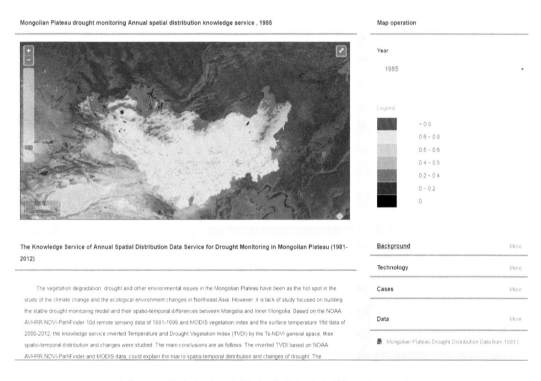

图 6.10 蒙古高原干旱监测逐年空间分布数据服务知识应用

6.2.9 蒙古国孕灾环境土地覆盖全要素数据服务知识应用

1. 背景

蒙古国是蒙古高原的组成部分，其土地覆被格局及变化对东北亚地区的资源、环境、生态和可持续发展具有重要意义。结合蒙古国景观特点，首次研究了适合蒙古国土地覆盖的分类体系；采用面向对象的遥感分类方法，研究了 10 种自然和人工地物的解译算法，开发了一套完整的适合蒙古国土地覆盖的遥感解译技术程序。蒙古国 2010 年的土地覆盖产品是通过逐个解译获得的，一级分类和二级分类的准确率分别为 82.26%和 68.55%。蒙古国主要的土地覆盖类型包括荒地、草原和森林。其中，荒地面积最大（约占总面积的 47.03%），具有集中、连续的特点，主要分布在蒙古国南部和西部；第二大面积为草原（占总面积的 42.64%），具有明显的区域特征，主要分布在蒙古国北部和河流附近；森林面积最小，仅占总面积的 8.17%，主要分布在蒙古国北部和西北部山区。土地覆盖的空间分布具有明显的区域差异性和土地类型的传递性。土地覆盖从贫瘠到荒漠草原，再到典型的草原，最后从南向北迁移到森林。荒漠草原在蒙古国中部形成了一个明显的独立地带。

2. 技术方案

浏览器端使用 WebGIS 前端类库 LealetJS，结合 Bootstrap 框架，开发实现数据可视化与检索的界面；基于相关数据，实现根据年份等日期条件的在线检索展示功能。最后，前后端程序分别集成到当前的网站程序之中。

3. 结果说明

在侧栏导航中选择 GIS 数据操作，可以看到相应的选项，然后单击年份列表显示不同年份（显示 1990 年）；地图界面可进行放大或缩小展示；文件和信息按标签控制分类；附加链接（如数据）在应用程序页面中列出，供用户获取更多的相关资源（图 6.11）。

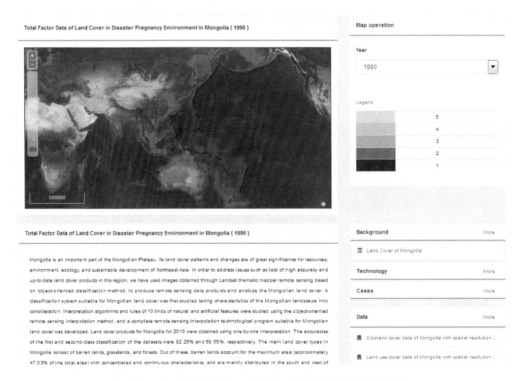

图 6.11　蒙古国孕灾环境土地覆盖全要素数据服务知识应用

6.2.10　中蒙俄经济走廊主要历史灾害分布时空数据服务知识应用

1. 背景

中蒙俄经济走廊主要历史灾害分布时空数据服务，通过搜集整理中蒙俄经济走廊主要历史灾害信息，包括时间、地点、灾害损失等，提供历史灾害分布时空服务；满足数据服务与可视化功能要求，优化信息可视化、地图可视化等在线展示功能，形成更好的用户体验。

2. 技术方案

浏览器端使用 WebGIS 前端类库 LealetJS，结合 Bootstrap 框架，开发实现数据可视化与检索的界面；基于相关数据，实现根据年份等日期条件的在线检索展示功能。最后，前后端程序分别集成到当前的网站程序之中，实现了将 GIS 地图可视化为地图服务。

3. 技术实现

用于诊断1990~2015 年中蒙铁路（蒙古段）沿线沙漠化的格局和变化，实现了中蒙铁路沿线沙漠化风险评价研究，为防治沙暴等沙漠化灾害、减轻沙漠化的负面影响提供重要依据。

4. 结果说明

在侧栏导航中选择 GIS 数据操作，可以看到相应的选项，然后单击下拉箭头显示年份，包括 1990~2015 年；文件和信息按标签控制分类；附加链接（如数据）在应用程序页面中列出，供用户获取更多的相关资源（图 6.12）。

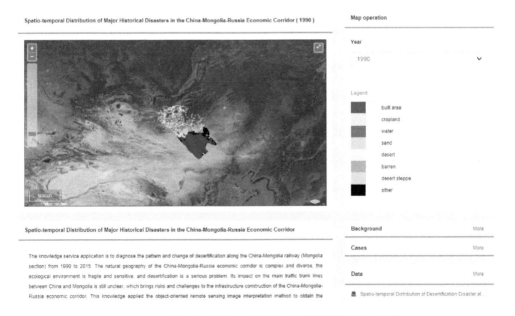

图 6.12　蒙古高原历史灾害分布时空数据服务知识应用

6.2.11 "一带一路"孕灾环境数据知识服务应用

1. 背景

以"一带一路"地区和中国典型地区防灾减灾数据库建设为基础，开发专题知识应用；重点展示"一带一路"沿线国家的基础地理背景、资源环境、社会经济等综合孕灾环境信息，为灾害知识和信息挖掘提供基础数据保障与专题知识应用服务。

2. 技术方案

基于 vue.js 语言替换 JQuery 语言，提高应用开发速度、维护性和复用性。结合 leaflet 搭建世界地图底图，并叠加绘有各个国家边界的地图层，获取鼠标点击的当前国家相关检索内容，以"全部""信息""文件""地图""教程"五种类别进行分类检索。最终将 vue 项目打包压缩成静态 HTML，并嵌入"一带一路"孕灾环境知识应用页面之中。

3. 结果说明

在侧栏导航中选择 GIS 数据操作，可以看到相应的选项；文件和信息按标签控制分类；附加链接（如数据）在应用程序页面中列出，供用户获取更多的相关资源（图 6.13）。

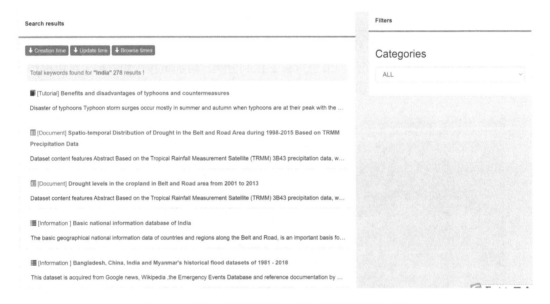

图 6.13 世界各国和地区孕灾环境信息聚合服务示例

6.2.12 基于网络文本的中国洪水灾害时空分布知识应用

1. 背景

社交媒体已应用于所有减少自然灾害风险的阶段，包括预警、响应和恢复。但是，在灾难期间使用它来准确地获取和揭示公众情绪仍然是一个巨大的挑战。为了深入探讨灾难期间的公众情绪，本研究从 2018 年寿光洪水的时间、空间和内容等方面对新浪微博文本进行了分析，分析了与洪灾有关的微博在 6 小时间隔内的时空变化以及各城市水平的空间分布。

2. 技术方案

基于 Python 正则表达式对数据进行清洗，采用文本分词、LDA 话题抽取模型、情绪分析、机器学习等方法，从微博文本中获取用户主题类别、情感类别、情感指数等公众反应信息。基于时间序列分析、核密度分析等方法，分析公众反应的时空-语义分布特征。

3. 技术实现

以新浪微博为数据源，结合网络爬虫技术、自然语言处理技术，获取与寿光灾害相关的微博数据，包括 ID、位置、文本、发布时间，并计算情绪指数。在此基础上，面向用户需求开发灾害网络信息在线可视化知识应用，实现灾害网络数据的在线下载、浏览、可视化展示等功能，掌握网络灾害事件的空间分布特征，为灾害应急管理与防灾减灾提供决策支持（图 6.14）。

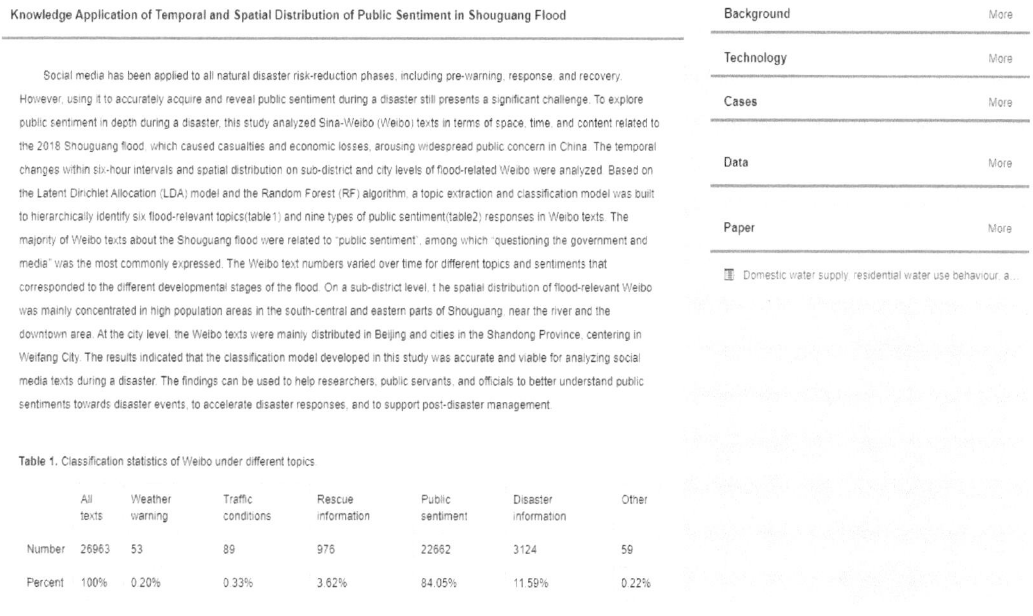

Knowledge Application of Temporal and Spatial Distribution of Public Sentiment in Shouguang Flood

Background		More
Technology		More
Cases		More
Data		More
Paper		More

Social media has been applied to all natural disaster risk-reduction phases, including pre-warning, response, and recovery. However, using it to accurately acquire and reveal public sentiment during a disaster still presents a significant challenge. To explore public sentiment in depth during a disaster, this study analyzed Sina-Weibo (Weibo) texts in terms of space, time, and content related to the 2018 Shouguang flood, which caused casualties and economic losses, arousing widespread public concern in China. The temporal changes within six-hour intervals and spatial distribution on sub-district and city levels of flood-related Weibo were analyzed. Based on the Latent Dirichlet Allocation (LDA) model and the Random Forest (RF) algorithm, a topic extraction and classification model was built to hierarchically identify six flood-relevant topics(table1) and nine types of public sentiment(table2) responses in Weibo texts. The majority of Weibo texts about the Shouguang flood were related to "public sentiment", among which "questioning the government and media" was the most commonly expressed. The Weibo text numbers varied over time for different topics and sentiments that corresponded to the different developmental stages of the flood. On a sub-district level, the spatial distribution of flood-relevant Weibo was mainly concentrated in high population areas in the south-central and eastern parts of Shouguang, near the river and the downtown area. At the city level, the Weibo texts were mainly distributed in Beijing and cities in the Shandong Province, centering in Weifang City. The results indicated that the classification model developed in this study was accurate and viable for analyzing social media texts during a disaster. The findings can be used to help researchers, public servants, and officials to better understand public sentiments towards disaster events, to accelerate disaster responses, and to support post-disaster management.

Domestic water supply, residential water use behaviour, a...

Table 1. Classification statistics of Weibo under different topics

	All texts	Weather warning	Traffic conditions	Rescue information	Public sentiment	Disaster information	Other
Number	26963	53	89	976	22662	3124	59
Percent	100%	0.20%	0.33%	3.62%	84.05%	11.59%	0.22%

图 6.14 寿光洪水泛滥时空分布的知识应用专题

4. 结果说明

打开寿光洪水泛滥时空知识应用专题，有不同主题下的微博分类统计（图 6.15）、9

种舆情的分类统计（图 6.16）、图片（图 6.17）。

Table 1. Classification statistics of Weibo under different topics.

	All texts	Weather warning	Traffic conditions	Rescue information	Public sentiment	Disaster information	Other
Number	26963	53	89	976	22662	3124	59
Percent	100%	0.20%	0.33%	3.62%	84.05%	11.59%	0.22%

图 6.15　不同主题下的微博分类统计

Table 2. Classification statistics of nine sentiments.

Topic	Number	Percent
Concerned about the disaster situation	250	1.10%
Questioning the government and media	14007	61.81%
Seeking help	401	1.77%
Praying for the victims	3461	15.27%
Feeling sad about the disaster	844	3.72%
Making donations	2068	9.13%
Thankful for the rescue	480	2.12%
Worrying about vegetable prices	1042	4.60%
Other	109	0.48%
Total	22662	100.00%

图 6.16　9 种舆情的分类统计

 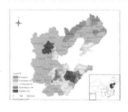  

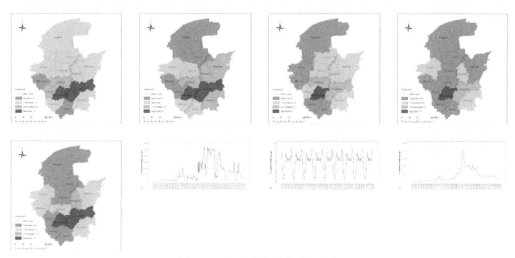

图 6.17　寿光洪水泛滥时空分布

6.2.13　"一带一路"中蒙俄经济走廊草地产草量知识应用

蒙古国是"一带一路"倡议"中蒙俄经济走廊"的重要组成部分，也是受全球气候变化影响显著的区域，草地产草量的变化对该地区可持续发展具有深远影响。本研究探索适合蒙古国地区特征的产草量估算最优模型，并对该地区产草量时空分布进行研究。基于 EVI、MSAVI、NDVI 和 PSNnet 四种遥感指数，结合地面观测资料，通过统计分析方法建立三种产草量估算模型。在模型评价基础上，选择模拟效果最好的基于 MSAVI 的指数函数模型（模型精度 78%），完成 2006～2015 年蒙古国中东部六省产草量的估算。结果表明，研究区十年间产草量具有明显的波动趋势，前五年产草量缓慢下降，后五年则波动较大，总体略呈上升趋势（图 6.18）。研究区产草量（单产）自西南向东北呈逐渐增加的趋势，大部分省份单产均在 1 000 kg/hm² 以上，最大单产地区为肯特省（3 944.35 kg/hm²）；各省产草量（总量）差异较大，其中肯特省的产草量（总量）最高，为 2 341.76×10⁴ t。研究同样发现，中蒙俄铁路沿线产草量变化趋势与研究区六省基本一致。

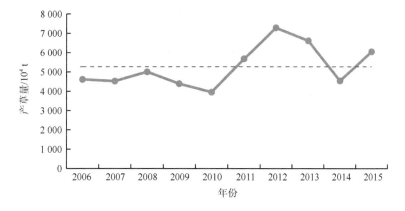

图 6.18　2006～2015 年研究区产草量年际变化

6.2.14　中蒙铁路沿线（蒙古段）荒漠化监测知识应用

本知识应用通过搜集中蒙铁路沿线（蒙古段）基础地理、区划资料，结合土地覆盖本底、植被覆盖度指数和不同特征空间模型的机理分析，探讨荒漠化反演模型与地表覆盖和植被等的关系，判断不同模型的适用条件，获得 30 m 分辨率的中蒙铁路沿线（蒙古段）2000 年、2010 年、2015 年荒漠化分布数据，并在前端使用 Leaflet JavaScript 库实现地图可视化应用（图 6.19）。本知识应用实现了对中蒙铁路沿线（蒙古段）荒漠化数据的整理与存档，完成了该区域荒漠化分布格局分析，掌握了荒漠化区域的整体空间规律，确定了荒漠化重点区域；进而可用于中蒙铁路沿线（蒙古段）荒漠化风险评估等研究，为中蒙铁路沿线（蒙古段）荒漠化生态风险防控提供精细化的、持续的数据产品支持。

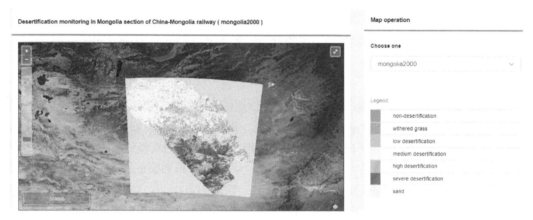

图 6.19　中蒙铁路沿线（蒙古段）荒漠化监测知识应用页面展示

6.2.15　COVID-19 的舆情分析知识应用

2019 年新型冠状病毒疫情（COVID-19）是国际关注的突发公共卫生事件。国际工程科技知识中心防灾减灾知识服务系统将社交媒体分析与 GIS 技术相结合，对新型冠状病毒暴发期间的舆情进行了分析。基于中国新浪微博官方数据 API，从 2020 年 1 月 9 日 00:00 开始，以"冠状病毒"和"肺炎"为关键词，收集了原始微博信息（提取以下信息：用户 ID、时间、COVID-19 相关文本及地理位置信息），分析了每天、每小时尺度的微博数量时间序列变化。结果表明，省级传染病相关微博的热点空间分布（图 6.20）与核密度估计日分布具有较强一致性。通过语义解析的舆情话题最终也在地图上得到展示，这为政府应急管理决策提供了支持。

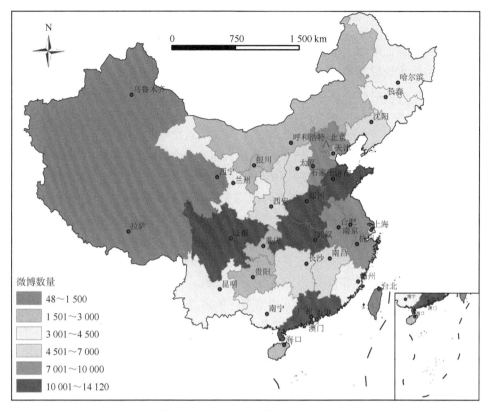

图 6.20　COVID-19 热点空间分布

6.3　典型知识应用

6.3.1　新冠疫情舆情监测

1. 数据与方法

1）数据获取与预处理

新浪微博（简称"微博"）是中国使用最为广泛的社交媒体平台之一，截至 2019 年，微博的月活跃用户已达 5.16 亿；且微博是经机构和个人实名认证的，发布的信息具有较高的可靠性。因此，本研究选用此类数据源开展舆情分析。通过新浪微博数据中心官方 API，以"冠状病毒"和"肺炎"为关键词，采集自 2020 年 1 月 9 日（肺炎病原体初步判定为新型冠状病毒）至 3 月 10 日（武汉方舱医院休舱）期间的微博文本，共获取微博文本 3 427 933 条，其中 197 118 条带有地理位置信息。微博信息包括用户名、用户 ID、微博文本、地理位置、发布时间等属性字段。

2）方法

潜在狄利克雷分配（latent Dirichlet allocation，LDA）是一种经典的文档主题生成模型，能够处理和分析大规模文本（Dahal et al.，2019；Ye et al.，2016），是目前应用较为广泛的主题模型之一（Dian et al.，2020）。随机森林在训练和评估中具有很高的计算效率，常用于文本分类（Han et al.，2019；Saffari et al.，2009）。本书基于研究团队已构建的LDA主题模型和随机森林算法（Han et al.，2020）构建主题抽取与分类框架，持续从新冠肺炎相关的社交媒体文本中分层获取公众话题情感。首先基于 Python 中的"Gensim"库，使用 LDA 主题模型进行主题抽取，生成各文本的主题概率分布以及各主题的单词概率分布。之后将已标注主题的样本数据作为随机森林算法的训练样本，基于 Python 中的"Scikit-learn"库，对整个数据集进行分类。针对中国的区域级话题分布，本书在文献（Han et al.，2020）中一级话题的分类基础上，对话题类别进行了更新和归纳，增加了"呼吁海外重视疫情"和"关心全球疫情"2 个二级话题，合并了"居家防护""家庭宣传""科学防疫"3 个相似话题，同时精简了框架的方法流程。如图 6.21 所示，本书在已有的 7 个一级类的基础上得到细粒度的 13 个二级分类，包括"恐惧担忧""质疑政府/媒体""谴责恶习""客观评论""科学防疫""祈福祝愿""复工意愿""倡导救助""就医求助""物资求助""关心全球疫情""呼吁海外重视疫情"和"其他"。

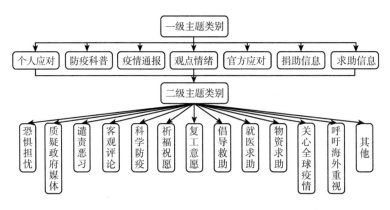

图 6.21　COVID-19 相关一级主题和二级主题分类

本节着重对二级类进行细粒度分析，对其各类别解释描述如下。"恐惧担忧"是指公众由于疫情而产生的害怕、恐慌、担忧、难受、心疼、无奈、抑郁等复杂心情；"质疑政府/媒体"是指质疑政府部分信息公开不及时，部分要职官员在防疫中不作为，地方政府上报确诊数据的真实性，有些媒体隐瞒事实、故意引导舆论以及未经查实的虚假报道；"谴责恶习"是指公众对吃野生动物、患病后故意传播、排挤武汉人、染病瞒报入境、回国后不配合隔离等行为的谴责；"客观评论"是指公众关于疫情影响、能否正常开学复工、担心非肺炎患者、防止境外输入病例等方面的评论；"科学防疫"包括呼吁做好防护措施、不盲目跟风、不要遗弃宠物、不被舆论裹挟、不传谣、相信政府、不能放松警惕、继续做好防护隔离等；"祈福祝愿"是指公众表达的对于肺炎患者的祝愿、祈福，感谢、致敬医护人员，有信心战胜疫情等；"复工意愿"是指公众想上班、想开学、已经返工、在家办公等方面的话题；"倡导救助"是指呼吁公众对身陷疫情中的同胞给予就医帮助、物资捐赠等信息；"就医求助"是指部分肺炎患者就医困难、病床难求的求助信息；"物资求助"是指公众寻求在生活物资和医疗物资方面的帮助；"关心全球疫情"是指关注其他国家疫情、海外华人分享身边疫情等情况；"呼吁海外重视疫情"是指呼吁各国重视疫情，尽快采取防控措施，减少海外疫情蔓延。

2. 结果

1）舆情样本的时空分析

（1）时间序列分析。COVID-19 相关微博文本的时间序列分析如图 6.22 所示。相关微博数量在 1 月 20 日国家卫健委发布"将新冠肺炎纳入乙类传染病并采取甲类管理措施"的公告后明显攀升，之后波动下降，1 月 29 日达到极小值。1 月 31 日凌晨，WHO宣布这一流行病为"国际关注的突发公共卫生事件"，微博数量再次出现大幅上升，2 月 1 日达到新的高峰。2 月 2～5 日中国农历春节假期期间平稳波动。2 月 7 日李文亮医生去世，微博数量超过 11 万次，达到了抗疫期间的峰值。之后，微博曲线一直平稳波

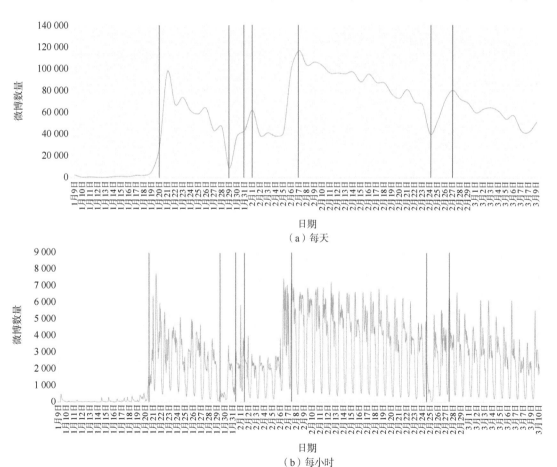

图 6.22　COVID-19 相关微博数量时间序列

动，整体呈下降趋势，在 2 月 24 日左右出现低谷，次日快速回升。然后，随着中国疫情防控形势趋稳后逐渐回落，但仍处于相对高值。

（2）空间差异分析。截至 2020 年 3 月 10 日，COVID-19 相关微博发文数量的空间分布如图 6.23 所示，主要聚集在中国的中东部地区。图 6.23（a）为各省份微博数量分布图。其中微博数量大于 10 000 的有湖北、山东、河南、广东、四川、北京六省（市）；江苏、安徽、浙江等三省（市）次之。图 6.23（b）为微博数量核密度值分布图（搜索半径为 200 km）。疫情相关微博的核密度高值区域主要分布在武汉、北京、上海、广州、成都、西安、郑州、济南、石家庄等城市，且呈现武汉、北京、上海三角区域连片态势。总体上，京津冀、长三角、珠三角、成渝城市群和湖北省是舆情聚焦的高值地区。

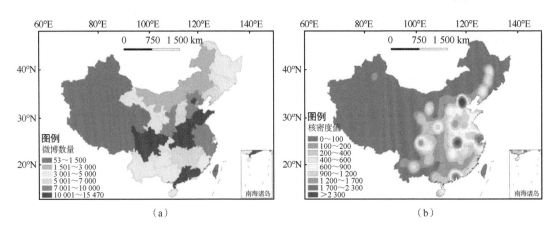

图 6.23　COVID-19 相关微博的空间分布

借助 SPSS 软件，对各省份的 COVID-19 相关微博数量和累计确诊人数进行 Spearman 相关性分析。图 6.24 是 2020 年 2 月 5 日～3 月 10 日各省（区、市）微博数量与累计确诊人数的相关系数变化趋势图。在置信度为 0.01 时，两者呈显著正相关，相关系数分布在 0.80～0.90 范围内，在 2 月 7 日达到最大值 0.856，然后明显下降，这可能受部分省（区、

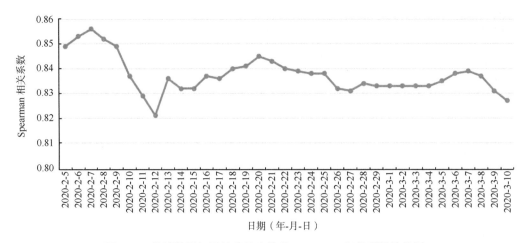

图 6.24　微博数量与累计确诊人数的 Spearman 相关系数趋势图

市）更正病例数据的影响。2月13日开始平衡波动，略呈下降趋势，这与各省（区、市）新增确诊人数快速减少相关。总体来看，累计确诊病例与舆情数量的空间分布具有高度的关联关系。

（3）话题内容分析。二级话题内容统计结果如图6.25所示。"科学防疫""祈福祝愿"和"客观评论"数量最多，占比分别为23.95%、20.22%和16.23%；其次为"谴责恶习"和"恐惧担忧"，占比分别为12.12%和9.02%；再次为"关心全球疫情"和"倡导救助"，占比分别为5.52%和3.38%。其余话题占比均在3%以下。

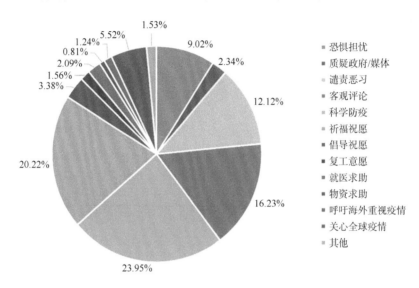

图6.25　2020年1月9日～3月10日COVID-19疫情相关二级话题统计

2）典型区域话题时间序列分析

针对湖北省、京津冀、长三角、珠三角和成渝地区等舆情话题集中区域，分别制作其话题时间变化序列图，如图6.26所示。从曲线变化趋势来看，"恐惧担忧"总体呈现早期攀升，后期平稳的共性特征，其中长三角地区数量最大但趋势回落最快。"质疑政府/媒体"均呈现波动下降趋势，其中京津冀区域相对平稳、峰值较其他地区低，湖北和成渝地区的峰值则有显著变化，且成渝地区下降收敛最快。"谴责恶习"总体呈现前期重视，且随着疫情发展后期持续关注的特点，其中珠三角反应略滞后于其他地区，但符合总体趋势。"客观评论""科学防疫""祈福祝愿"总体呈现先提高后下降的特点，且各区域高度相似。"复工意愿"总体呈现前期逐渐提高，后期平稳回落的状态，长三角地区的呼声最为强烈且持续处于相对高值，湖北省的"复工意愿"也较为强烈。"倡导救助"总体具有周期性波动特点，京津冀地区波动最为强烈，长三角和湖北省的数量则相对最多。"就医求助"和"物资求助"呈现前期逐渐提高，后期波动下降的趋势，但前者明显滞后于后者。"呼吁海外重视疫情"和"关心全球疫情"均是前期无响应，后期突然提高，且后者具有越来越高的趋势。

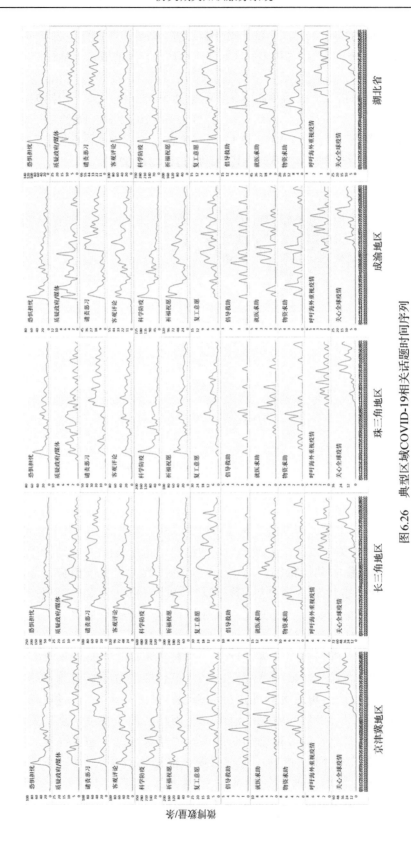

图6.26 典型区域COVID-19相关话题时间序列

3）典型区域话题空间差异分析

京津冀、长三角、珠三角和成渝城市群以及湖北省的二级话题核密度值空间分布如图6.27～图6.31所示，不同话题在各区域内部存在显著差异。考虑空间分布、话题性质、冗余性等因素，筛选了9个话题开展典型区域话题特征分析。

（1）京津冀地区话题分析。京津冀地区的微博公众响应以首都北京为突出高值区域，天津、石家庄、保定和邯郸等次之（图6.27）。这体现出北京的媒体数量众多、公众响应度高，同时也与北京以外的其他区域疫情确诊数量较低有关。截至3月10日，天津、石家庄的累计确诊病例数量分别为136人和29人，仅占全国总案例的0.17%和0.03%（全国当日累计确诊病例80 778例）。

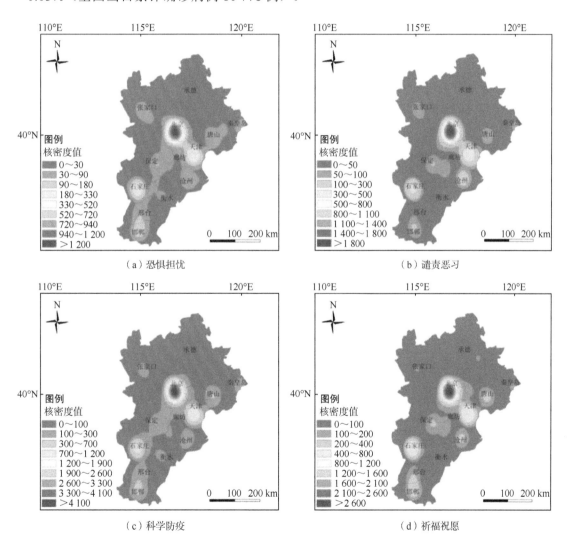

（a）恐惧担忧　　　　　　　　　　　　（b）谴责恶习

（c）科学防疫　　　　　　　　　　　　（d）祈福祝愿

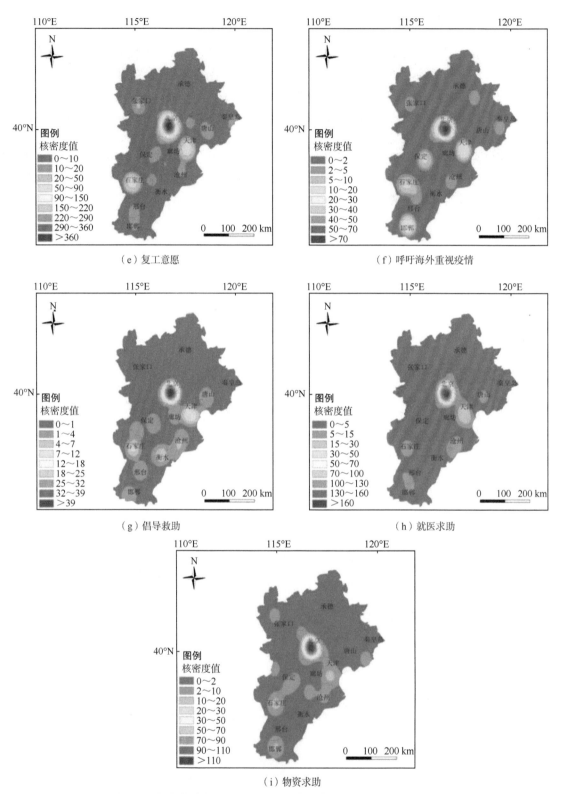

（e）复工意愿　　　　　　　　　　　　（f）呼吁海外重视疫情

（g）倡导救助　　　　　　　　　　　　（h）就医求助

（i）物资求助

图 6.27　京津冀城市群二级话题空间核密度分布（搜索半径 50 km）

（2）长三角地区话题分析。长三角地区话题分布主要以上海为核心。图6.28（a）～
（c）以上海为最高点，南京、杭州为次高点。图 6.28（d）突出反映在南京和上海。图
6.28（e）以上海为最高热度地区，其他热度地区依次为宁波、杭州、苏州、无锡、南京。
图6.28（f）则以上海为中心，辅以苏州、无锡等城市。图6.28（f）、（h）集中体现在
上海，并且向北、向西辐射明显。图6.28（g）在上海形成一个相对独立高聚集点，合肥
和杭州次之。图6.28（i）则呈现点状分布，以上海、南京、温州为最高聚集点，其次分
布在盐城、合肥、芜湖、杭州、嘉兴、宁波和金华。

（3）珠三角地区话题分析。珠三角地区中，图6.29（a）～（f）等 6 类话题具有相
似的空间分布特征，整体呈两核分布，突出反映在广州和深圳 2 个一线城市，辅以佛山
和东莞等相对高值区域。图6.29（g）以广州、佛山、中山三市交界区域为核心，并向周
围扩散，整体呈三角形面状分布。图6.29（h）则以深圳为突出高值区域，并向北、向东
扩散，次高点位于佛山。图6.29（i）以深圳为核心，以扇形向北、向西扩散，辐射到东
莞、广州、佛山和惠州，肇庆和江门为独立高值区域。

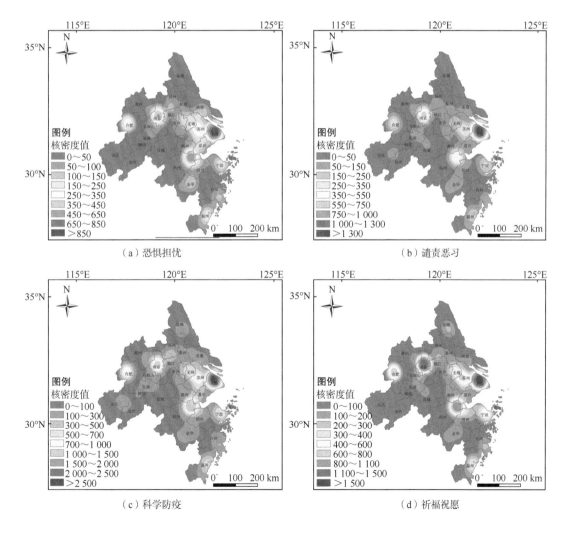

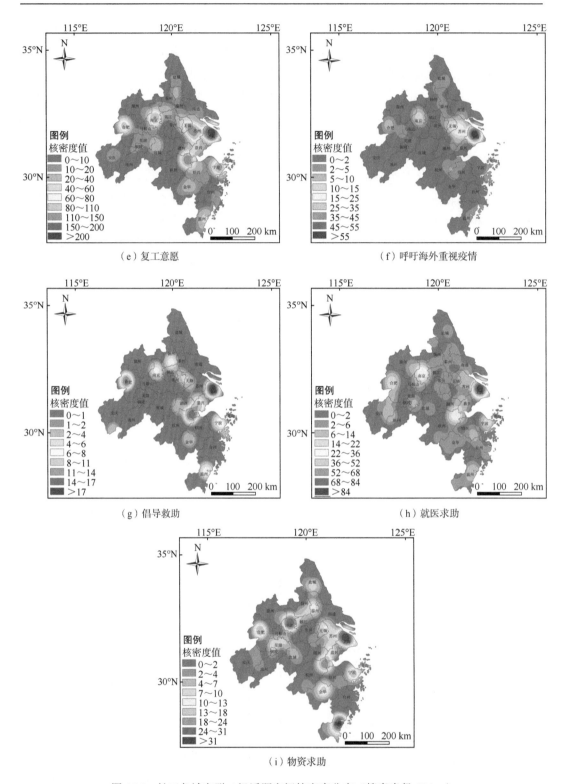

图 6.28　长三角城市群二级话题空间核密度分布（搜索半径 50 km）

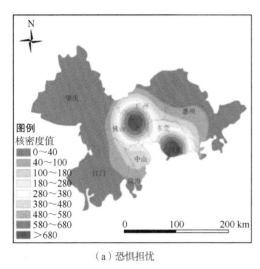

（a）恐惧担忧

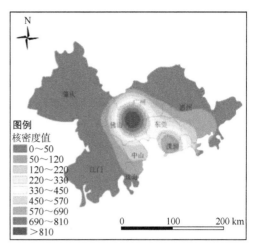

（b）谴责恶习

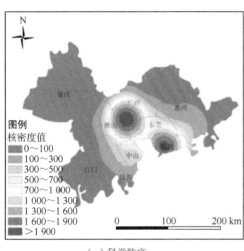

（c）科学防疫

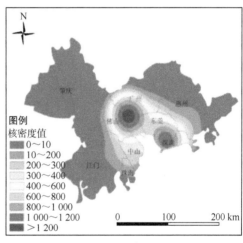

（d）祈福祝愿

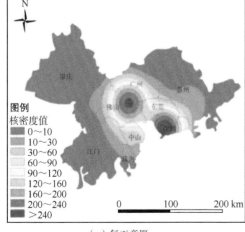

（e）复工意愿

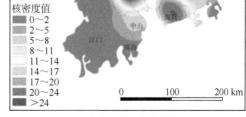

（f）呼吁海外重视疫情

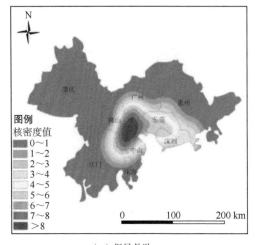

（g）倡导救助

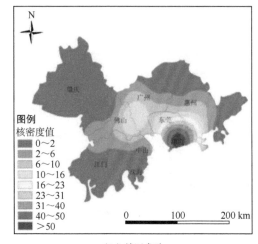

（h）就医求助

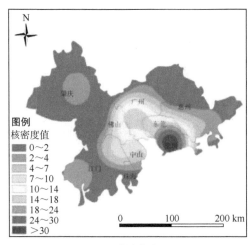

（i）物资求助

图6.29　珠三角城市群二级话题空间核密度分布（搜索半径50 km）

（4）成渝地区话题分析。成渝地区话题分布主要以成都、重庆为核心集中分布。图6.30（a）～（c）、（e）、（h）、（i）均呈单核集中分布，以成都为核心，次高点位于重庆。图6.30（d）、（f）呈双核集中分布，以成都、重庆为突出高值区，辅以自贡-内江交界处。图6.30（g）呈现多核集中分布，以成都-眉山-雅安、成都-眉山-资阳、自贡-内江的交界处为高值分布区域，重庆、凉山、南充等为相对独立的高值分布区域。

（5）湖北省话题分析。湖北省武汉市作为中国曾经疫情最严重的地区，其舆情分析对提出有效的防疫建议具有重要的指导价值。从图6.31中可以看出，湖北省内各话题的空间分布具有相似特征，即以武汉为核心并向周围辐射。其中，图6.31（a）、（b）以武汉为突出高值区域，并向邻近城市较大范围辐射分布，向北延伸更为显著；而图6.31（h）则仅突出表现在武汉，向周围扩散范围较小。其余6类话题以武汉为中心，并向孝感、黄冈和鄂州等邻近城市小范围辐射分布，辅以襄阳、宜昌、十堰、荆州等独立高值区域。

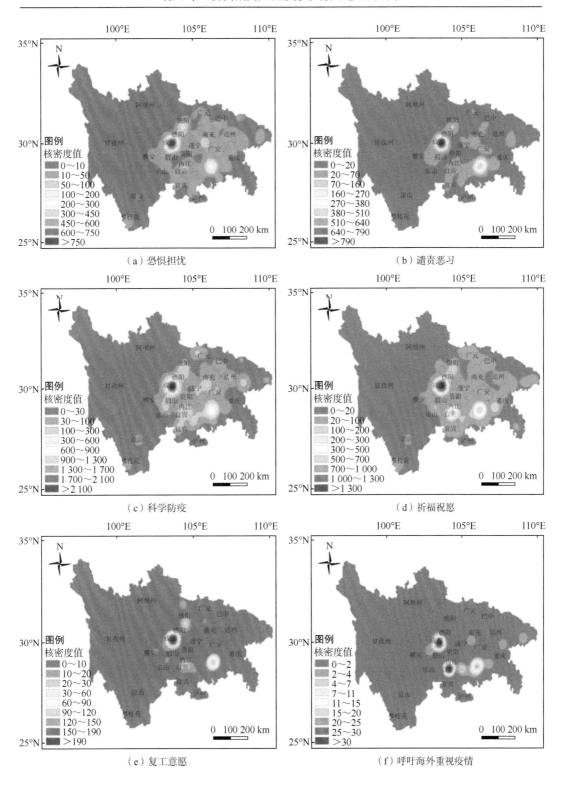

（a）恐惧担忧　　　　　　　　　　　　　　（b）谴责恶习

（c）科学防疫　　　　　　　　　　　　　　（d）祈福祝愿

（e）复工意愿　　　　　　　　　　　　　　（f）呼吁海外重视疫情

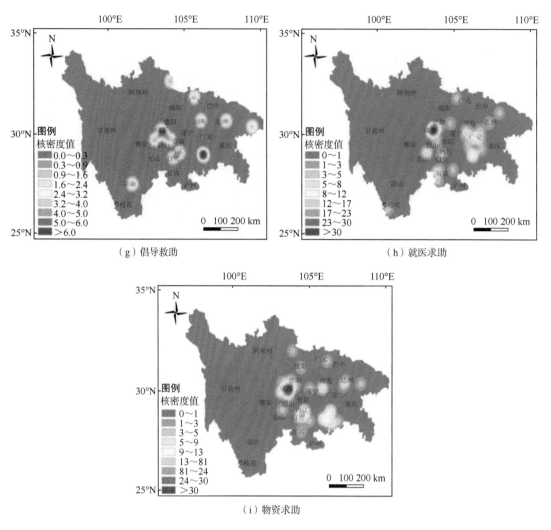

（g）倡导救助　　　　　　　　　　　（h）就医求助

（i）物资求助

图 6.30　成渝城市群二级话题空间核密度分布（搜索半径 50 km）

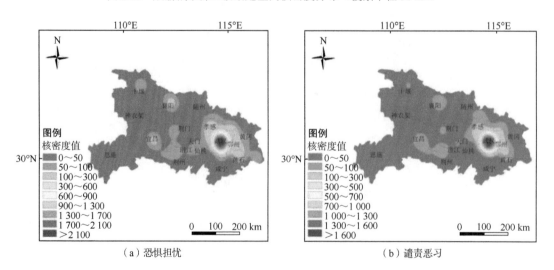

（a）恐惧担忧　　　　　　　　　　　（b）谴责恶习

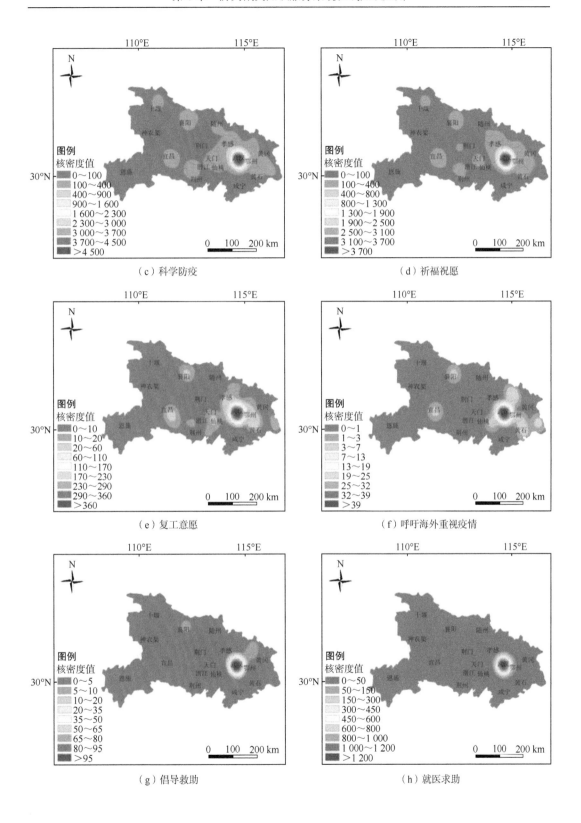

（c）科学防疫

（d）祈福祝愿

（e）复工意愿

（f）呼吁海外重视疫情

（g）倡导救助

（h）就医求助

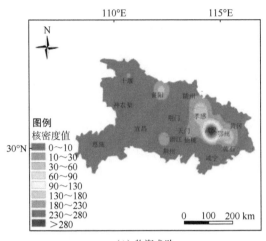

（i）物资求助

图 6.31　湖北省二级话题空间核密度分布（搜索半径 50 km）

　　各区域人口与不同话题的相关系数如表 6.2 所示。长三角地区相关系数最高，为 0.945，其他地区按相关系数大小排序依次为珠三角、成渝、京津冀、湖北省。"恐惧担忧""谴责恶习""客观评论""科学防疫"和"关心全球疫情"等话题的数量与长三角地区人口的相关系数较高，大于 0.9。珠三角地区与"祈福祝愿"的相关系数高于 0.9，成渝地区中与人口相关系数高于 0.9 的话题为"物资救助"。长三角、珠三角人口与"倡导救助"话题相关系数较低，分别为 0.379 和 0.312。另外，珠三角人口与"物资救助"话题的相关系数仅有 0.314。上述现象与成渝和湖北地区的相对地理位置有直接关系。该地区与湖北省接壤，疫情扩散较快，医疗物资等相对匮乏，不足以支撑迅速扩散的新冠疫情防控，造成民众对"物资救助"的呼声较高。而长三角、珠三角地区与湖北省相对位置较远，经济发展较高，医疗物资、设备相对充足。

表 6.2　区域人口与话题微博数量相关系数

区域人口	恐惧担忧	质疑政府/媒体	谴责恶习	客观评论	科学防疫	祈福祝愿	倡导救助	复工意愿	就医求助	物资求助	呼吁海外重视疫情	关心全球疫情	微博总数
京津冀	0.839**	0.800**	0.849**	0.826**	0.833**	0.866**	0.888**	0.801**	0.782**	0.843**	0.869**	0.812**	0.838**
长三角	0.938**	0.848**	0.948**	0.951**	0.946**	0.841**	0.379	0.862**	0.898**	0.740**	0.896**	0.945**	0.945**
珠三角	0.872**	0.852**	0.879**	0.881**	0.875**	0.919**	0.312	0.830**	0.562	0.314	0.829**	0.853**	0.884**
成渝	0.889**	0.607**	0.878**	0.849**	0.848**	0.833**	0.605**	0.882**	0.542**	0.941**	0.847**	0.710**	0.853**
湖北	0.819**	0.797**	0.796**	0.797**	0.832**	0.808**	0.814**	0.819**	0.743**	0.775**	0.787**	0.811**	0.807**

**表示在 0.01 水平（双侧）上显著相关。

　　在疫情响应的可视化分析和表达上，本研究采用了时间序列和空间展布的方法，清晰地表达了中国 2 个月以来艰苦抗疫关键期的舆情特征。在时间序列上以小时和天为单位，展示微博数量的连续变化和波动特征。在空间展布上把微博数量和各话题数量表达为热点密度，并叠加地级市的行政区划图来揭示其特有的空间分布异同。这种可视化的制图手段以及获取的带有准确空间信息的基础数据，能够很容易地与自然、地理、人文等多要素叠加，可为未来更深入地分析疫情与社会发展之间的动力学模型及精准调控对策提供数据和方法支持。

6.3.2　高温热浪时空格局分析

1. 孟加拉国的高温热浪典型案例

本节所用的温度观测数据是 2001~2017 年，来自气象站点 419070、419230 和 419360。用这些数据用来展示孟加拉国近年来的高温热浪情况，是因为这三个站点的数据丢失较少，相对比较全面。

孟加拉国 2001~2017 年热浪的频率统计，如图 6.32 所示。虽然原始温度数据存在缺失值，统计数字并不完全反映热浪的数量，但可以看出其总体的趋势，热浪的次数在增加。2010 年三个站点观测到的热浪数量在相邻年份中非常突出，说明 2010 年出现了异常热浪天气。

热浪频率增加的主要原因之一是全球变暖。自 20 世纪 50 年代以来，大部分陆地地区的白天和黑夜温度变得更高且高温天气频率增加。全球变暖增加了极端天气事件（如热浪）发生的可能性，远远超过了它创造天气福利的可能性。在过去的 30~40 年里，高湿度的热浪变得更加频繁和严重，极端炎热的夜晚频率增加了一倍，极端炎热的夏季被观测到的面积增加了 50~100 倍。这些变化不能用自然变化来解释，而是被气候科学家归为人为气候变化的影响。

2005 年 6 月，一股热浪席卷了孟加拉国达卡、库尔纳、拉杰沙伊、吉大港、昌德普尔、帕图阿克哈利等地区，造成近 100 人死亡，气温飙升超过 40 ℃。

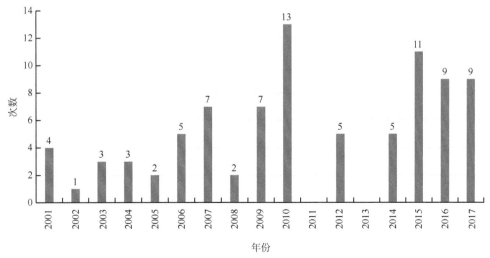

（a）2001~2017年孟加拉国高温热浪次数（站点代号：419070；纬度：24.15°N，经度：89.049°E）

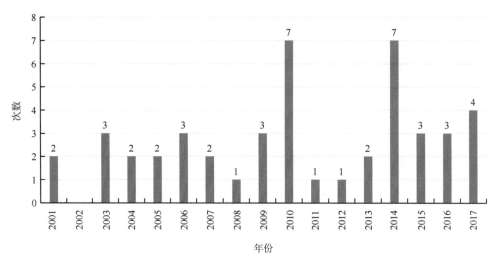

（b）2001～2017年孟加拉国高温热浪次数（站点代号：419230；纬度：23.78°N，经度：90.38°E）

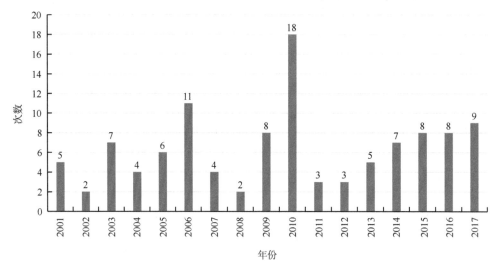

（c）2001～2017年孟加拉国高温热浪次数（站点代号：419360；纬度：23.18°N，经度：89.16°E）

图6.32　2001～2017年孟加拉国各气象站点高温热浪次数分布图

　　热浪在很大程度上是由季风前阵雨较少造成的，季风前阵雨给该地区带来的湿度低于正常水平，导致孟加拉国大部分地区干旱。季风前阵雨的突然结束，是孟加拉国一种不常见的趋势，也是造成热浪的原因之一。此外，季风季节较晚，且比正常趋势向南偏远，这种天气模式，再加上厄尔尼诺效应，常常使亚洲气温升高，共同创造了创纪录的高温。高湿度加剧了气温对居民的影响。另外，大面积的电网故障导致许多地方无法使用空调、风扇或水泵，进一步增加了死亡人数。

　　孟加拉国政府电视台宣布向在热浪中丧生的人的近亲提供经济补偿；火车站、汽车站等公共场所提供饮用水、口服补液盐和静脉输液；全州都建立了紧急医疗营，建议市民在中午不要离开家。

　　这次热浪事件反映了孟加拉国在应对高温方面的许多问题。最明显的问题是大多数家庭缺乏制冷设备，当热浪来袭时，住在贫民窟的家庭没有制冷设备，长时间暴露在高温下。另外孟加拉国整体供电能力较弱，夏季用电高峰期间经常发生停电事故，严重影响医院等相关机构的救援工作。此外，夏季缺乏公共场所降温的条件加之恶劣的居住环境，尤其是贫民窟环境，导致疾病的传播难以控制。所有这些问题都增加了死亡率。孟加拉国防灾减灾能力落后的根本原因在于其落后的发展，所以最有效的措施包括以下两个方面：首先，考虑到孟加拉国的现状，为每个家庭装空调是不现实的，但政府可以建立夏天的避难所，有效缓解由高温引起的压力。其次，有必要研究廉价有效的个人降温措施。例如，孟加拉国的一家慈善机构开发了一种由纸板和饮料瓶制成的廉价冷却器，可将室内温度降低 5℃。在经济落后的背景下，这种廉价的降温措施无疑是最有效的。

2. "一带一路"高温热浪监测产品

近年来，全球高温热浪事件的频率呈现出上升的趋势，造成了严重的人员伤亡和财产损失。2003 年，西欧发生了强烈的高温热浪，温度达到 1 500 年以来的最高水平，导致约 7 万人死亡，使谷物产量比上年同期减少了 2 300 多万吨；2010 年，俄罗斯的一次高温热浪夺去了大约 5.4 万人的生命；2009 年，澳大利亚东南部的高温热浪造成 374 人死亡，并引发了灾难性的森林火灾；2015 年，印度遭受了一次强烈的高温热浪袭击，导致全国 2 500 多人死亡。高温热浪的直接不利影响包括：①对人类健康、心血管和呼吸系统造成损害，甚至直接导致死亡；②高温热浪期间，对水和电的需求激增，对水和电的供应造成压力；③高温热浪影响劳动效率，降低生产率；④高温热浪引起干旱，影响作物生长，降低作物产量；⑤高温热浪影响畜禽生长繁殖，进一步影响肉、蛋、奶的生产。高温热浪灾害为"一带一路"倡议的深入推进和发展带来了极大的风险与不确定性。深入研究该区域高温热浪的时空分布规律，可以为政府、居民、企业和游客等提供信息与决策支持，在政府防灾减灾和发展规划、居民生活、企业投资选址及游客旅游计划中发挥指导性作用，服务于"一带一路"建设。

当一个地点的温度高于该地点的长期历史温度时，就反映了出现极端高温的可能性。一般将持续数天超过一定阈值的天气过程称为一次高温热浪。不同地区的高温热浪阈值不同，在组合高温热浪阈值（combined heat wave threshold，CHWT）中，使用相对温度阈值（relative temperature threshold，RTT）和绝对温度阈值（absolute temperature threshold，ATT）的组合来定义热浪。因此，建立了 1989～2018 年逐日历史温度的概率分布函数，并选取不同百分位对应的温度作为 RTT 来判断热浪，定义为气候相对温度阈值（climatology relative temperature threshold，CRTT）。此外，当某一天的温度在今年的温度序列中较高时，也反映了极端高温的可能性。因此，本研究构建了日温度的概率分布函数，并通过设置不同的百分位数阈值来定义 RTT，将其定义为年相对温度阈值（annual relative temperature threshold，ARTT）。最后，当温度高于 RTT 时，并不一定意味着出现热浪（如冬季）。因此，本研究也设置了一个绝对温度阈值来避免这种情况。使用不同的组合 CRTT 和 ATT、ARTT 和 ATT 来定义高温阈值，达到高温阈值和持续时间阈值（duration threshold，DT）的天气过程称为热浪。

"一带一路"区域气象灾害事件频发，在全球 10 个受气象灾害影响最严重的国家中，"一带一路"区域国家就占了 7 个。了解该区域的历史气象状况，摸清该区域气温、降水等气象指标的时空分布规律，对于研究气象灾害事件、降低灾害风险具有重要意义。

高温热浪严重影响"一带一路"地区的生产和人们的日常生活。为了更精确地评估该地区的高温热浪风险，研究团队构建了一个高温热浪数据集。仅用气温难以反映人体对外界环境的真实感受，除了气温，人们的实际体验还受到风速、相对湿度等其他因素的影响。研究团队考虑人们的实际感受（气温、风速和相对湿度），搜集和标准化处理气象站点监测数据，计算"一带一路"各地区站点监测的体感温度，再使用基于高程校正的温度插值方法获得整个区域的格网化数据，通过体感温度数据的叠加，进而判断计算高温热浪。该数据集将计算高温热浪的发生频率、持续时间和发生强度 3 个主要属性。该数据集的覆盖时间范围为 1989～2018 年，空间分辨率为 0.1°，时间分辨率为年。

3. 高温热浪灾害风险评价在中国港湾孟加拉国项目的典型应用

本部分调研了中国港湾工程有限责任公司负责的孟加拉国首都达卡-锡尔赫特道路（N8 公路）拓宽项目，讨论了孟加拉国高温热浪等灾害风险对施工的影响；并将达卡地区高温热浪灾害风险精细尺度评价图赠与中港工程 N8 项目组，支持其准确掌握孟加拉国的达卡地区高温热浪灾害风险。

中港二局与孟加拉国在 2016 年签署了孟加拉国 N8 公路改扩建工程项目的部分标段。拟建的孟加拉国 N8 公路改扩建工程项目起自达卡 N8 公路与 N1 公路交会处高架桥的南侧，向南过布里刚戈河至玛瓦，与建设中的帕德玛大桥相连，而后向西直至本项目终点班嘎，总长度约为 225 km；计划将原有的双向两车道升级改造为双向 4 个主车道，以及道路左右侧各设一个应急车道，双向共计 6 车道，设计时速为 80 km/h，拟采用沥青路面，桥梁共计 112 座。中港二局 N8 公路项目部已在此施工近 3 年，分为 3 个标段，跨越两条河流。该项目实施将有效提升达卡至锡尔赫特的道路运输能力，缓解目前交通拥堵状况，带动沿线各地区经济发展，促进孟加拉国经济发展。同时该道路对于实现区域互联互通、促进区域贸易发展具有重要意义。

通过与中港二局项目管理和施工人员的深入交流，了解到该项目容易受当地高温、突风、突雨的影响，频发的高温热浪天气会降低施工人员的工作效率，对施工进度有一定的影响；短时狂风对施工破坏较大，一年间发生次数少，但最大风力达 12 级，能将施工所用的龙门吊等设备吹倒；同时在汛期和雨季（6～8 月），施工地容易受洪水影响。针对该问题，考察组建议及时收听天气预报，收集历史气象资料。特别是该区域为高温热浪高发区，建议做好工作人员的防暑降温措施，及时了解天气和气候变化，弄清高温热浪风险的空间分布，合理调整施工时间，避开日最高温时段，降低高温热浪灾害风险损失程度。此外，将达卡高温热浪风险空间分布图赠与中港二局孟加拉 N8 公路改扩建工程项目，表示以后要加强在灾害风险评估方面的合作，依托专业科学知识，为项目选址和施工提供更可靠的参考。

达卡都市区高温热浪灾害与脆弱性见图 6.33。"一带一路"沿线走廊气温图如图 6.34 所示。

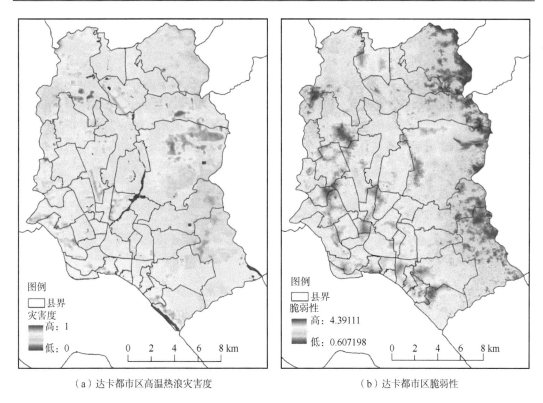

（a）达卡都市区高温热浪灾害度　　　　　　　　（b）达卡都市区脆弱性

图 6.33　达卡都市区高温热浪灾害与脆弱性

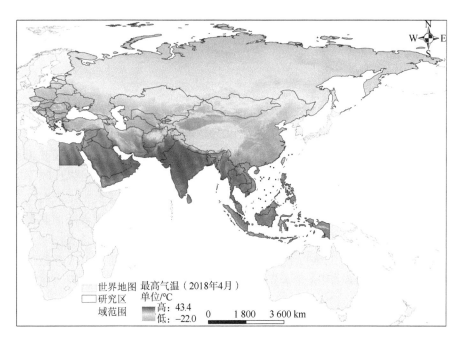

图 6.34　区域气温图

6.3.3　荒漠化遥感监测

随着蒙古国荒漠化问题日趋严峻，其所引起的环境变化也不可避免地给中蒙俄经济走廊的交通基础设施建设和本区域的可持续发展带来风险。因此迫切需要构建精细化的荒漠化信息提取方法体系，准确掌握中蒙铁路沿线（蒙古段）荒漠化状况。但由于该区域受气候变化影响大，植被覆盖具有较强的地域性和季节性，荒漠化信息极易与其他弱植被覆盖信息混淆，因此难以提取大量的裸地、戈壁区域的枯草地带、荒漠草地以及多种类型间的过渡带区域的荒漠化信息。针对上述问题，本研究分析不同特征空间模型在蒙古国的荒漠化信息提取效果及其适用性，提出基于多源特征空间和地理分区建模的适用于大区域、复杂地理环境的荒漠化信息精确提取方法，完成中蒙铁路沿线（蒙古段）荒漠化信息精细提取。

1. 数据源

选用的遥感数据源为从美国地质调查局网站（http: //earthexplorer.usgs.gov/）下载的30 m 空间分辨率的 Landsat 8 遥感影像。影像成像时间为 2015 年 6～10 月，所使用的波段为红、近红外、蓝、绿、短波红外波段，影像数量共计 38 景。研究团队对中蒙铁路沿线进行了多次野外实地考察，开展了土地覆盖类型、植被覆盖度、土壤温度、水分等实地调查工作，共有 74 个野外验证点。本研究使用的辅助数据包括 2013 年蒙古行政区划矢量图、中蒙铁路两侧 200 km 区域矢量数据（中国科学院人地系统专题数据库，http: //www.data.ac.cn）、2015 年中蒙铁路沿线土地覆盖分类数据（王卷乐等，2018a；王卷乐等，2018b）、蒙古国地理区划图、谷歌地球在线地图等。

2. 方法与原理

1）特征空间模型原理

众多研究证明，植被覆盖度、植被叶面积指数的估算，是反映地表植被状态的重要生物物理参数（李宝林等，2002；吴晓天，2003），因此 NDVI（归一化植被指数）、MSAVI（改进型调整植被指数）能有效地用于植被的监测。不同的表土质地可以反映出不同地区的荒漠化程度（朱震达等，1990），因而 TGSI（表上粒度指数）是可以反映不同表土质地与表土颗粒组成的指标之一。由遥感数据反演的地表反照率是反映地表对太阳短波辐射反射特性的物理参量，其变化受土壤水分、植被覆盖、积雪覆盖等陆面状况异常的影响。长久以来的荒漠化研究表明，随着荒漠化程度的加重，地表条件发生明显变化，地表植被数量逐渐减少，表土颗粒组成逐渐粗糙，进而导致 NDVI、MSAVI 数值也随之变小，Albedo（地表反照率，用 A 来表示）、TGSI 数值相应增加（曾永年等，2006；Li et al.，2000；Lamchin et al.，2017；Wang et al.，2017）。

如图 6.35 所示，在不同荒漠化地区，A 与 NDVI、MSAVI 之间均存在显著的负相关关系，TGSI 与 A 之间存在着显著的正相关关系。在图 6.35（a）、（b）中，AC 代表高反照率线，反映的是干旱情况，指的是在一定的植被覆盖度下完全干旱地区反照率的最大值；BD 代表低反照率线，表明地表水分充足；A、B、C、D 四个点代表着四个极端状态，一般情况下各类地物均在四边形 *ABCD* 区域内，并呈现不同的空间分布规律。图 6.35（c）与图 6.35（a）、（b）的主要区别在于图 6.35（c）中的 *AC* 和 *BD* 是给定土壤质地下完全干旱土地和充足水分土地所对应的高反照率和低反照率的界限。

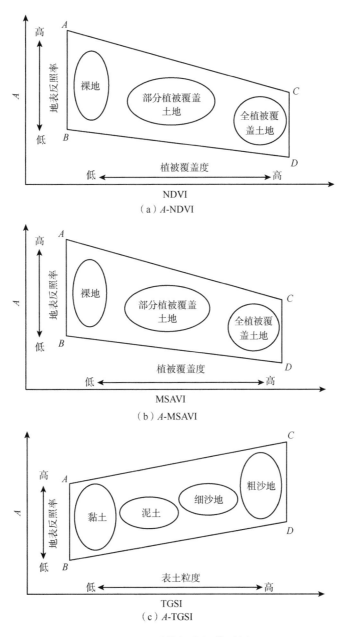

图 6.35　三种特征空间模型图

因此，可通过构建 *A*-NDVI、*A*-MSAVI、*A*-TGSI 特征空间来反演荒漠化过程在 NDVI、MSAVI、TGSI 分别与 *A* 组成的二维空间的变化特征，充分获取不同类型的地物信息，有效提取荒漠化信息。

2）地理分异规律与特征空间建模的关联关系分析

根据蒙古国地形地势、气候水文以及人口资源等自然人文要素，结合蒙古国畜牧业草场区划等研究成果（杨青山，1994；王富强，2010），李一凡等（2016）以蒙古国200 mm 等降水量线为干旱和半干旱区的分界线，将蒙古国分为南部和北部两大部分。考虑到地形地势及河流径流也会对局部气候产生影响，对南北部干旱半干旱地区进行了进一步细分，将南部分区中阿尔泰山所在的 5 省划分为阿尔泰山区，其余 6 省归为南部戈壁区；北部分区以肯特山脉和鄂尔浑河为界划分为西北部的北部森林区、中部的中央省及其北部区以及东部的东蒙古高原 3 个分区。

研究区域主要涉及蒙古国的北部森林区、中央省及其北部区、东蒙古高原区和南部戈壁区。结合蒙古国土地覆盖本底数据与中蒙铁路沿线植被覆盖度数据，可以发现，中蒙铁路沿线整体上呈现由西北到东南从森林景观到典型草地景观和荒漠草地景观，再到裸地景观的分布格局，具有明显的纬向递变规律，植被覆盖度逐步降低。各大地理分区也呈现出与本研究区植被变化、地形特点相适应的格局分布，即北部森林区土地覆盖以森林、典型草地为主，植被覆盖度高；中央省及其北部区土地覆盖以森林、典型草地为主，植被覆盖度较高；东蒙古高原区土地覆盖以典型草地与荒漠草地为主，植被覆盖度较低；南部戈壁区土地覆盖以裸地为主，植被覆盖度极低。由此可以发现，北部森林区与中央省及其北部区的土地覆盖类型、植被覆盖度、植被生长状态较为接近，均属植被覆盖度高、森林比例较大区域。因此可将北部森林区的布尔干省、鄂尔浑省、库苏古尔省、后杭爱省归入到中央省及其北部区。中蒙铁路沿线地理分区布局如图 6.36 所示。

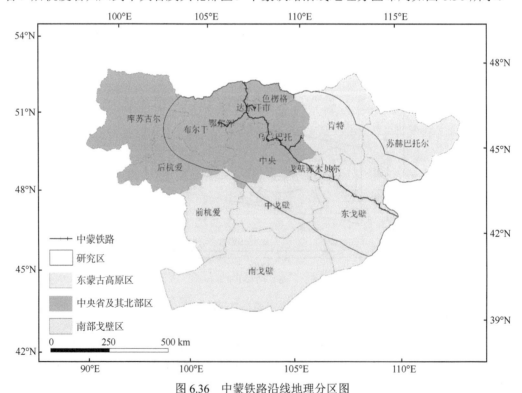

图 6.36　中蒙铁路沿线地理分区图

本研究团队于 2018 年以蒙古国西北部为试验区，完成了 *A*-NDVI、*A*-MSAVI、*A*-TGSI 三种特征空间模型的适用性分析。研究发现，*A*-NDVI 模型适用于植被覆盖度高、森林比例较大区域，*A*-MSAVI 模型适用于植被覆盖度相对较低区域，*A*-TGSI 模型适用于植被覆盖度极低、戈壁、裸地广泛分布区域（Wei et al.，2018）。因此，在中央省及其北部区、东蒙古高原区、南部戈壁区三大区域分别选用 *A*-NDVI、*A*-MSAVI、*A*-TGSI 三种特征空间模型进行荒漠化信息提取。

3）中蒙铁路沿线多源特征空间模型构建

基于预处理后的中蒙铁路沿线 Landsat 8 遥感影像数据反演得到研究区 NDVI、MSAVI、TGSI、Albedo 等多种地表参考变量。为了进一步揭示多个特征空间变量间的相互关系，首先通过 ENVI 5.1 的 ROI Tools 在中央省及其北部区、东蒙古高原区、南部戈壁区依次均匀、随机地布置 426、606、837 个点，并利用生成的点文件依次提取相应的 *A*、NDVI、MSAVI、TGSI 点值；然后利用 SPSS 软件将 *A* 分别与各个地理分区内相对应的 NDVI、MSAVI、TGSI 进行统计回归分析，并计算其定量关系；最后基于所得定量关系分别构造 *A*-NDVI、*A*-MSAVI、*A*-TGSI 特征空间模型。

由于 NDVI、MSAVI 与 *A* 具有较强的负相关性，TGSI 与 *A* 具有较强的正相关性，因此可通过在代表荒漠化变化趋势的垂直方向上划分特征空间，将不同的荒漠化土地有效地区分开来。利用一个简单的二元线性多项式可以很好地拟合特征空间中垂直方向的位置，该二元线性多项式的结果即是荒漠化差异指数（DDI）。DDI 是通过多波段拟合计算来评价不同地区荒漠化程度的指数，计算公式如下：

$$\text{DDI}_{\text{MAX}} = K_{\text{MAX}}\text{NDVI} - A \tag{6-1}$$

$$\text{DDI}_{\text{MID}} = K_{\text{MID}}\text{MSAVI} - A \tag{6-2}$$

$$\text{DDI}_{\text{MIN}} = K_{\text{MIN}}\text{TGSI} + A \tag{6-3}$$

式中，DDI_{MAX} 为中央省及其北部区 *A*-NDVI 特征空间模型的荒漠化分级指数；DDI_{MID} 为东蒙古高原区 *A*-MSAVI 特征空间模型的荒漠化分级指数；DDI_{MIN} 为南部戈壁区 *A*-TGSI 特征空间模型的荒漠化分级指数；K_{MAX}、K_{MID}、K_{MIN} 分别乘以 *A*-NDVI、*A*-MSAVI、*A*-TGSI 特征空间中拟合的直线斜率均为–1，即 K_{MAX}、K_{MID}、K_{MIN} 由相对应的特征空间中的拟合直线斜率确定。

基于统计学原理，采用自然间断点分级法可将荒漠化分级指数（DDI）分为五个等级，分别为极重度荒漠化、重度荒漠化、中度荒漠化、轻度荒漠化和无荒漠化。随着荒漠化程度升高，NDVI、MSAVI 的值减小，Albedo 随之增加，进而导致 DDI_{MAX} 和 DDI_{MID} 值降低；同时 TGSI 值也随之增加，DDI_{MIN} 值升高。

为获得更加准确的荒漠化数据，需提前将沙地信息与其他荒漠化信息进行分离，并将其划分为一个独立的类。一般情况下，沙地在各个波段（除热红外波段）的反射率较高。那么将多个波段的反射率数据相加后，沙地的数值即一定最高。因此可基于这一特性在提取荒漠化信息前提取沙地信息，首先将蓝波段（blue）、绿波段（green）、红波段

（red）、近红外波段（nir）、短波红外 1 波段（swir 1）、短波红外 2 波段（swir 2）的反射率相加求和；然后利用自然间断法将其分为 6 类，等级最高的一类即为沙地；最后利用间断点分级法将合成后的影像分为 6 类，数值最高的一类即为沙地。

　　本研究团队在对中蒙铁路沿线进行野外实地考察时发现，在位于本研究区南部的东戈壁省部分区域分布有大量的干枯草地（图 6.37）。由于干枯草地的叶绿素含量极低，植被整体呈现黄色，且水分流失严重。因此基于现有的可对植被绿度进行信息提取的 NDVI、MSAVI 等植被指数以及可以反映地表水分的 A，均无法对枯草区域进行有效提取，往往会将其错认为裸地，并误分为重度荒漠化区域。而在全球气候变暖的影响下，在 4 月底或 9 月初，南部戈壁区域温度在 10 ℃以上但又不超过 20 ℃，保持在相对的适宜状态下。这时，若该区域降水量较大且集中，大量的枯草就开始返青变绿。总体来看，枯草区域返青变绿存在一定的条件限制，且返青时间较短。正是由于枯草区域存在返青变绿的可能性，且即使不变绿，其仍然与裸地具有极大的区别，因此需将其与其他荒漠化信息进行分离，单独划分为一类。联合国防治荒漠化公约把"荒漠化"定义为包括气候变化和人类活动在内的种种因素造成的干旱、半干旱和干燥半湿润地区的土地退化。而正是在全球气候变暖的影响下，戈壁地区大面积绿色植被在夏季干枯、变黄，进而大面积退化为枯草地带。因此，可将枯草区域划分为一种荒漠化土地类型。

图 6.37　正值夏季生长季的蒙古国东戈壁省枯草地带实拍图

　　根据植被的生物物理状态将植被指数分为绿度植被指数和黄度植被指数。黄度植被指数是衡量植被叶面萎黄的指标，用来度量植被反射光谱的形状变化。归一化衰败植被指数（normalized difference senescent vegetation index，NDSVI）利用了短波红外波段对植被含水量比较敏感的这一特性，当植被衰败枯落时，指数值会随着植被含水量的减少而增大。因此可基于 NDSVI 对枯草区域进行信息提取。NDSVI 计算公式如下：

$$NDSVI = (S_1 - R) / (S_1 + R) \tag{6-4}$$

式中，S_1 为中红外波段；R 为红波段。

3. 结果与应用

为验证本研究中多源特征空间和地理分区建模支持下的荒漠化信息提取方法的准确性，在本研究区内随机、均匀选取了 426 个验证点，包括 74 个野外验证点数据和 352 个遥感影像与历史资料验证点。构建混淆矩阵，计算得到生产者精度、用户精度与总体分类精度。结果表明，中蒙铁路沿线 2015 年荒漠化数据产品总体分类精度约为 85.21%，极重度荒漠化、重度荒漠化、中度荒漠化、轻度荒漠化、枯草区域、无荒漠化、沙地的生产者精度分别约为 93.33%、87.50%、77.78%、89.47%、83.33%、84.21%、80.00%，极重度荒漠化、重度荒漠化、中度荒漠化、轻度荒漠化、枯草区域、无荒漠化、沙地的用户精度分别约为 82.35%、87.50%、73.68%、77.27%、78.95%、96.97%、100.00%。

图 6.38 为中蒙铁路沿线 2015 年荒漠化分布图。表 6.3 为中蒙铁路沿线荒漠化面积及比例统计表。由图可见无荒漠化区域主要呈大面积块状分布于中蒙铁路沿线北部，具体分布于库苏古尔省东部、后杭爱省东北部、布尔干省、鄂尔浑省、色楞格省、达尔汗市东部、中央省北部与中部、乌兰巴托、戈壁苏木贝尔省西北部、肯特省北部与西部。无荒漠化区域面积约为 188 640.22 km²，约占本研究区总面积的 45.32%。荒漠化区域主要集中分布在中蒙铁路沿线南部、中部、东部以及北部的零星区域，面积约为 223 049.34 km²，约占本研究区总面积的 53.59%。其中，枯草区域主要呈破碎条带状分布于中蒙铁路沿线东南部戈壁区域，具体分布于苏赫巴托尔省西南部、东戈壁省东部，以及少部分呈散点状分布

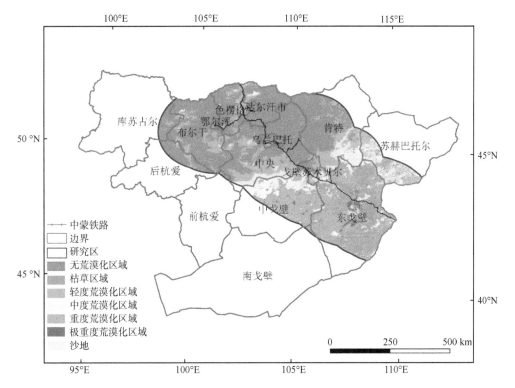

图 6.38　中蒙铁路沿线 2015 年荒漠化分布图

于东戈壁省西部边界区域。枯草区域面积约为 21 322.74 km²，约占本研究区总面积的5.12%。轻度荒漠化区域主要呈片状分布于中蒙铁路沿线北部与中部，具体分布于布尔干省西部边界、布尔干省东南部、色楞格省中北部、达尔汗市西部、中央省中部与南部、肯特省西南部与东部、苏赫巴托尔省西北部、中戈壁省东北部。轻度荒漠化区域面积约为 50 013.64 km²，约占本研究区总面积的12.02%。中度荒漠化区域呈片状集中分布于中蒙铁路沿线中部，具体分布于中央省南部边界区域、中戈壁省北部、戈壁苏木贝尔省东南部、肯特省东南部、苏赫巴托尔省西南部以及东戈壁省北部与东部零星区域。中度荒漠化区域面积约为 53 816.09 km²，约占本研究区总面积的12.93%。重度荒漠化区域主要呈大面积块状集中分布于中蒙铁路沿线南部，具体分布于中戈壁省中部与南部、戈壁苏木贝尔省南部边境区域、东戈壁省、苏赫巴托尔省西南部。重度荒漠化区域面积约为 92 112.81 km²，约占本研究区总面积的22.13%。极重度荒漠化区域主要呈小面积块状零星分布于中戈壁省中部、东戈壁省中部，面积约为 5784.06 km²，约占本研究区总面积的 1.39%。沙地集中分布于东戈壁省中部与中戈壁省中部零星区域，且与极重度荒漠化区域相伴分布，面积约为 4 524.05 km²，约占本研究区总面积的1.09%。

表6.3 中蒙铁路沿线荒漠化面积及比例统计表

荒漠化等级	面积/km²	比例/%
无荒漠化	188 640.22	45.32
枯草区域	21 322.74	5.12
轻度荒漠化	50 013.64	12.02
中度荒漠化	53 816.09	12.93
重度荒漠化	92 112.81	22.13
极重度荒漠化	5 784.06	1.39
沙地	4 524.05	1.09
共计	416 213.61	100.00

6.3.4 干旱遥感监测

干旱以其发生频率高、持续时间长、影响范围广、伴随灾害多等特点，长久以来对各国国民经济特别是农业生产带来了巨大的经济损失（叶笃正，1996；Wilhite，2000；韩兰英等，2014；孙智辉等，2014）。2012 年 IPCC 特别报告表明，未来全球大部分地区因蒸发量增加和土壤水分减少，干旱化趋势明显，持续干旱将对非洲、东南亚、南欧、澳大利亚、巴西、智利和美国等国家和地区造成严重影响（Field et al.，2012；蒋桂芹，2013）。2015 年 3 月联合国报告表明全球每年因地震、洪水、干旱和龙卷风等天灾造成的经济损失平均已达 2500 亿～3000 亿美元（中国新闻网，2015）。2016 年 2 月，比利时灾难流行病学研究中心（CRED）、联合国国际减灾战略（UNISDR）和美国国际开发署（USAID）联合发布题为《2015 年灾害数据》的简报，指出 2015 年全球发生的自然灾害主要以气象灾害为主，全年共有 32 个重大干旱记录，超出过去十年年均记录的两倍，干旱影响人数为 5 050 万,远高于 3 540 万人这一过去十年平均水平(UNISDR et al.,2016;裴惠娟, 2016)。

　　"一带一路"地区处于全球主要干旱半干旱区和亚湿润的生态脆弱带,环境恶化和灾害频发给沿线国家经济发展带来阻碍。1995~2015 年, 全球前 10 个因气象灾害受灾的国家中, "一带一路"沿线国家占了 7 个; 2000 年该区域共发生自然灾害 235 例, 至少大于10 人死亡, 经济损失超千万元(张颖, 2016)。"一带一路"地区多是农业大国, 频繁的气象灾害尤其是干旱给各国农业生产带来了严重影响。受经济发展水平限制, 沿线国家对防灾、减灾、救灾投入相对较少, 灾害一旦发生, 就会导致非常严重的损失。准确把握"一带一路"历史干旱发生的严重程度和干旱变化模式以及干旱与地理环境之间的深层关系,可为该地区应对和减轻干旱损失提供决策支撑, 服务全球防灾减灾项目的实施。因此, 本研究面向"一带一路"地区干旱时空分布的需求, 采用农业信息化技术手段和数据驱动的研究方法, 获取"一带一路"地区 1998~2015 年逐月干旱时空分布。

1. 研究区域

　　结合有关文献资料(王义桅, 2015; 国家信息中心"一带一路"大数据中心, 2016;肖振生, 2016)对"一带一路"地区的划分, 本研究选择表 6.4 中 65 国的范围(含中国)开展研究。65 个国家横跨亚、欧、非三大洲, 总陆地面积 6 293.56×10⁴ km², 包括亚洲的45 个国家、中东欧洲的 19 个国家和北非的埃及。

表 6.4　65 个相关国家及所属区域

所属区域	国家	国家数量
东北亚	蒙古国、俄罗斯、中国	3
东南亚	新加坡、印度尼西亚、马来西亚、泰国、越南、菲律宾、柬埔寨、缅甸、老挝、文莱、东帝汶	11
南亚	印度、巴基斯坦、斯里兰卡、孟加拉国、尼泊尔、马尔代夫、不丹	7
西亚、北非	阿联酋、科威特、土耳其、卡塔尔、阿曼、黎巴嫩、沙特阿拉伯、巴林、以色列、也门、埃及、伊朗、约旦、叙利亚、伊拉克、阿富汗、巴勒斯坦、阿塞拜疆、格鲁吉亚、亚美尼亚	20
中东欧	波兰、阿尔巴尼亚、斯洛文尼亚、保加利亚、捷克、匈牙利、马其顿、塞尔维亚、罗马尼亚、斯洛伐克、克罗地亚、波黑、黑山、乌克兰、摩尔多瓦、爱沙尼亚、立陶宛、拉脱维亚、白俄罗斯	19
中亚	哈萨克斯坦、吉尔吉斯斯坦、土库曼斯坦、塔吉克斯坦、乌兹别克斯坦	5

2. 数据源

　　本研究选取 TRMM 3B43 降水数据作为干旱遥感监测数据源。TRMM 卫星由美日联合研制, 是第一颗专门用于定量测量热带、亚热带降雨的气象卫星, 其主要发射目的是通过研究热带地区的降雨量和潜热来进一步了解全球能量和水循环。TRMM 卫星于 1997年 11 月 28 日成功发射, 轨道高度为 350 km, 倾角 35°, 周期为 91.5 min(每天 15.7 轨)。2001 年 8 月 7~24 日, TRMM 卫星高度推进至 402.5 km, 轨道周期为 92.5 min(每天

15.6 轨）。TRMM 卫星 35° 的轨道倾角远小于其他极轨卫星，这使得 TRMM 卫星具有较高的时间分辨率。TRMM 卫星运行于非太阳同步轨道，通过同一地点的时间不同，适于研究降雨的日变化情况。卫星上搭载的用于降雨观测的主要传感器有：降雨雷达（PR）、被动式微波辐射计（TMI）以及可见/红外传感器（VIRS）。其中 PR 是第一个星载降雨雷达，能够观测降雨的三维结构，工作频率 13.8 GHz，刈幅 220 km，星下点水平分辨率 4.3 km，垂直分辨率 0.25 km（陈举等，2005）。TRMM 3B43 资料序列是由 TRMM 3B42 数据产品、NOAA 气候预测中心气候异常监测系统（CAMS）的全球格点雨量测量器资料、全球降水气候中心（GPCC）的全球降水资料合成的覆盖南北纬 50° 之间逐月平均的全球格点化数据集（资料等级：Level3；版本号：Version 6）。本研究用到的逐月 TRMM 3B43 降水数据从戈达德地球科学资料和信息服务中心（http://earthdata.nasa.gov/）网站下载获取，时间范围为 1998 年 1 月～2015 年 12 月，数据格式为 HDF，空间分辨率为 0.25°×0.25°，全球包含 1440×400 个网格，网格对应的降雨量值为网格内的平均值，单位为 mm/h。

原始的 TRMM 影像数据在 ENVI 中显示为一个竖状的条带，无空间参考，结合数据说明文档，利用 Matlab 进行图像校正。首先围绕图像中心逆时针旋转 90°，然后上下翻转，得到初步校正的 TRMM 影像数据。已知左上角第一个格子中心的纬度为 49.875°N，经度为 179.875°W，右下角最后一个格子中心的纬度为 49.875°S，经度为 179.875°E，利用 Matlab 中的 georasterref 函数进行配准，赋予每个格子正确的经纬度值，然后输出为 TIFF 格式（图 6.39）。由于 TRMM 降水数据的统计单位为 mm/h，为了表征月时间尺度下的降雨及干旱，在 Matlab 中批量对校正后的数据进行计算，得到以 mm/月为单位的 TRMM 降水数据。利用 ArcGIS 中的 Extract by Mask 工具，用"一带一路"地区 65 国矢量边界对遥感影像进行掩膜提取，得到 50°N 以南 61 国（不包含爱沙尼亚、立陶宛、拉脱维亚和白俄罗斯，其中蒙古、俄罗斯、中国、波兰、捷克、乌克兰和哈萨克斯坦七个国家只包含部分国土）1998～2015 年逐月降水数据。以下研究均面向 61 国区域展开。图 6.40 给出了 1998 年 1 月份 TRMM 降水数据分布，同时也是本研究的研究区范围。

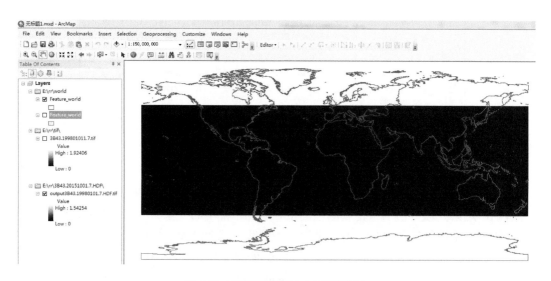

图 6.39　校正后的 TRMM 降雨数据

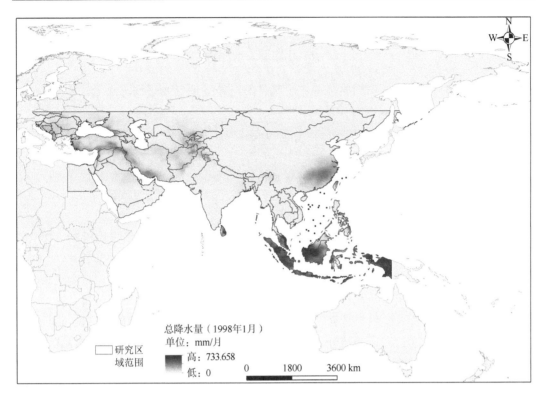

图 6.40　1998 年 1 月份研究区降雨量分布

3. 方法与原理

1) 降水距平百分比

本研究利用降水距平百分比来计算研究区干旱时空分布。降水距平百分比（P_a）是表征某时段降水量较常年值偏多或偏少的指标之一，定义为某时段降水量和同期历史平均降水量之差与同期历史平均降雨量的百分比，能直观地反映降水异常引起的干旱，适合应用于半湿润、半干旱地区平均气温高于 10℃的时间段（中国国家标准化管理委员会，2006）。表 6.5 给出了降水距平百分比干旱等级参考。本研究中关于特旱、重旱、中旱、轻旱和无旱的说法均以表 6.5 给出的降水距平百分比划分标准为准。

表 6.5　降水距平百分比干旱等级划分表

等级	类型	降水距平百分比/%		
		月尺度	季尺度	年尺度
1	无旱	$-40 < P_a$	$-25 < P_a$	$-15 < P_a$
2	轻旱	$-60 < P_a \leqslant -40$	$-50 < P_a \leqslant -25$	$-30 < P_a \leqslant -15$
3	中旱	$-80 < P_a \leqslant -60$	$-70 < P_a \leqslant -50$	$-40 < P_a \leqslant -30$
4	重旱	$-95 < P_a \leqslant -80$	$-80 < P_a \leqslant -70$	$-45 < P_a \leqslant -40$
5	特旱	$P_a \leqslant -95$	$P_a \leqslant -80$	$P_a \leqslant -45$

某时段降水距平百分比（P_a）的计算公式如下：

$$P_a = \frac{P - \bar{P}}{\bar{P}} \times 100\% \qquad (6\text{-}5)$$

式中，P 为某时段降水量，单位：mm；$\bar{P}$ 为计算时段同期气候平均降水量，单位：mm，计算公式如下：

$$\bar{P} = \frac{1}{n} \sum_{i=1}^{n} P_i \qquad (6\text{-}6)$$

式中，n 为待求平均降雨量的月份数量；$i = 1$、2、$\cdots$、n。

2）BFAST 变化监测

监测和描述时间序列下的干旱变化需要首先明确变化的机理和驱动机制。BFAST（breaks for additive season and trend）工具把原始时间序列数据分解为季节变化、趋势变化和残余三个分量来分段监测数据的变化模式[式（6-7）]，以图示的方式直观表现出不同分段内数据变化的线性函数和周期模型，同时给出置信区间和突变点位置，在时序数据的长期变化和突变点监测中具有较为成熟的应用（Verbesselt，2010；Verbesselt et al.，2012；Che et al.，2017）。趋势分量一般描述一年以上时间序列数据的渐变模式，可能包含突变点；季节分量一般表现为年时间尺度下有规律的周期变化；残余分量是一个因为信噪比等观测条件和云以及气溶胶等大气环境导致的随机的不规则变量（Quan et al.，2016）。BFAST 可用于分析各种卫星时序数据，寻求季节的或非季节的变化模式，广泛应用于水文学、气候学和计量经济学的科学研究。本研究在 R 环境中利用 BFAST 包来分析降水距平百分比的月平均值和干旱面积的变化特征。

$$Y_t = T_t + S_t + e_t \qquad (t = 1、2、\cdots、n) \qquad (6\text{-}7)$$

式中，Y_t 表示 t 时间序列下的观测数据；T_t 表示趋势分量；S_t 表示季节分量；e_t 表示残余分量，是时序数据中除过季节分量和趋势分量剩余的部分。

T_t 被描述为一个或多个分段线性函数[式（6-8）]。趋势分量减少了原拟合曲线的复杂性，可直观地表现数据的基本特征（Zeileis et al.，2002）。

$$T_t = \alpha_i + \beta_t \qquad (\tau_{i-1} < t < \tau_i; i = 1、2、\cdots、m) \qquad (6\text{-}8)$$

式中，τ_i 表示断点的位置；m 表示断点的总个数；α_i 和 β_t 表示每个间隔（$\tau_{i-1} < t < \tau_i$）内线性函数的截距和斜率，斜率用来表示数据的变化率和不同时期的变化方向，断点代表数据序列中存在的突变。

本研究通过 t 分布来检验 BFAST 趋势分量的显著性（Santer et al.，2000；Quan et al.，2016）。检验统计量 t_a 的公式如下：

$$t_a = \frac{a}{s_a} = a\sqrt{\frac{(m-2)\sum_{t=1}^{m}(t - \bar{t})^2}{\sum_{t=1}^{m}(Y_t(t) - T_t(t))^2}} \qquad (6\text{-}9)$$

式中，t_a 被定义为线性模拟方程的斜率 a 和模拟值与实际值的标准差 s_a 的比值；t 为时间序列，变化范围为 $1 \sim m$；$\bar{t}$ 为时间序列的平均值；$Y_t(t)$ 为 t 时刻的统计量（降水距平百分率或干旱面积）；$T_t(t)$为 t 时刻的趋势组分模拟值；有效样本量 m 的计算公式如下：

$$m \begin{cases} = M, |r| < 0.3 \\ \approx M \dfrac{(1-|r|)}{(1+|r|)}, |r| \geqslant 0.3 \end{cases} \tag{6-10}$$

式中，M 是样本总量；r 是残差$(Y_t(t)-T_t(t))$的自相关系数。

如果$|t_a|$大于 $m-2$ 自由度和给定显著性水平对应的临界值，则说明可以用趋势分量来模拟实际值分析干旱的变化特征，否则说明趋势分量模拟的干旱变化特征不存在或变化不显著。

4. 结果与应用

根据降水距平百分比计算方法，依次求取每个格网对应的 1998～2015 年共 216 个月份降雨量的平均值；以格网为单位分别计算每月降雨量与平均月降雨量的差值，利用差值和平均月降雨量的比得到降水距平百分比，根据表 6.5 给出的干旱分级标准来确定研究区的干旱程度。

1）"一带一路"地区降水距平百分比分布

通过以上计算过程得到"一带一路"地区降水距平百分比分布图，按照表 6.5 中给出的月尺度下干旱等级划分标准，利用 ArcGIS 空间分析工具集中的 Reclassify 工具进行降水距平百分比（P_a）的重分类，用特旱、重旱、中旱、轻旱和无旱五个类别来描述研究区的干旱时空分布，完成研究区 1998～2015 年逐月干旱时空分布研究。1998 年 1 月研究区干旱时空分布见图 6.41。

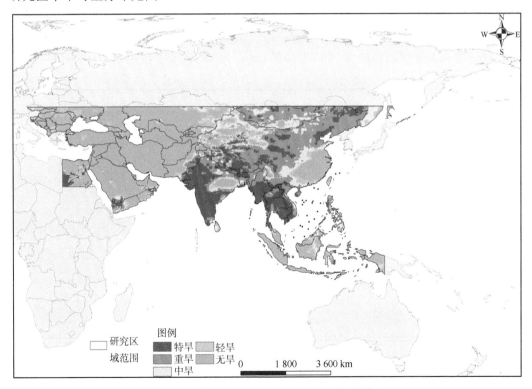

图 6.41　1998 年 1 月研究区干旱时空分布

　　通过分析"一带一路"地区 1998～2015 年逐月干旱时空分布可知，干旱的发生具有年周期变化特性，冬季的干旱区域明显多于夏季的干旱区域，且大面积特旱和重旱发生在东北亚、东南亚、南亚、中亚和西亚等地区。东北亚地区以中国东北、华北、西南地区，蒙古中部地区最为严重，中国的西北地区次之，东南沿海地区相对较轻；东南亚主要是缅甸、老挝、泰国和柬埔寨干旱程度最重；南亚地区的干旱主要是巴基斯坦、印度、尼泊尔、不丹和孟加拉国等最为严重；中亚地区乌兹别克斯坦和土库曼斯坦的重旱面积最大；西亚的沙特阿拉伯、阿曼和埃及的南部地区存在大区域的重旱影响。因冬季降水量小，河流流量减少，受西伯利亚寒流等季风气候影响，使得东南亚和南亚地区在冬季出现大范围严重干旱现象。夏季的干旱区域相对较小，干旱主要分布在中亚和西亚地区，尤其以乌兹别克斯坦、土库曼斯坦、阿富汗、沙特阿拉伯、埃及、叙利亚、黎巴嫩、约旦、以色列、伊拉克、伊朗、科威特、巴林、卡塔尔等国家最为严重。里海附近生态环境脆弱，水汽较少，且河流多为依靠冰山融水的内流河，夏季亚速尔群岛高压使得东海岸地区降水少，蒸发大；红海和波斯湾区域终年受副热带高压或低纬信风的控制，盛行下沉气流，降水稀少，多为热带沙漠气候，终年炎热干旱。

　　2）"一带一路"地区干旱区域面积月际变化

　　结合"一带一路"地区干旱时空分布数据，对各类干旱水平进行汇总，统计得到 1998 年 1 月至 2015 年 12 月研究区四类干旱（特旱、重旱、中旱和轻旱）总面积的逐月变化情况。如图 6-42 所示，1999 年 12 月（第 24 个月）研究区干旱面积达到最大值 2352.29 $\times 10^4$ km^2，2010 年 5 月（第 149 个月）研究区干旱面积达到最小值 788.67$\times 10^4$ km^2。通过求解任意相邻两个月份的干旱面积差值，得到 2008 年 10～11 月（第 130～131 个月）干旱面积增长 725.35$\times 10^4$ km^2，为 18 年内月干旱面积增量最大值；2011 年 4～5 月（第 160～161 个月）干旱面积减少 709.07$\times 10^4$ km^2，为 18 年内月干旱面积减少的最大值。

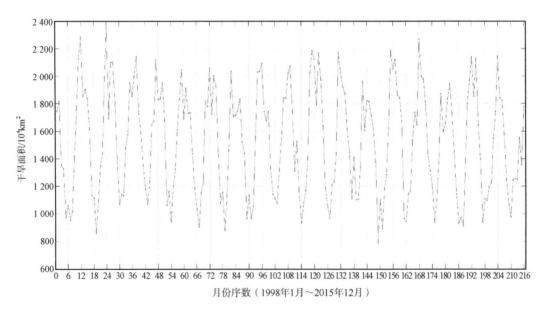

图 6.42　研究区干旱面积月均值统计图

　　研究区干旱面积变化可反映出明显的季节周期性。结合干旱时空分布可知，随着从春季到冬季的变化，干旱的区域不断往西移动，并且干旱的面积不断减小；到了冬季，大面积重旱区域又回到亚洲东部地区。根据图 6.43 可知，18 年来"一带一路"地区的干旱总面积以 40 260 km²/a 的速率不断减少。通过计算得到，月尺度下趋势分量的 t 分布检验统计量值为 0.175，方程没有通过显著性检验，说明研究区干旱面积变化不明显。从年平均干旱面积统计图（图 6.44）可知，研究区的干旱面积从 1998 年开始逐渐增长，在 2001 年达到 18 年的最大值，在 2001～2003 年间逐渐减少，接着 2003～2008 年出现了缓慢的增长，2008 年之后出现波动下降的特征。从分季节统计结果（图 6.45）可知，春、秋两季干旱面积呈现波动减少的特征，夏、冬两季干旱面积总体表现为缓慢增长，但冬季波动较大。

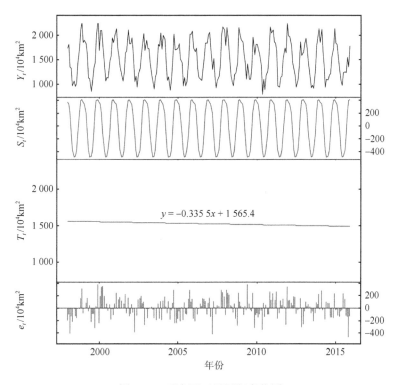

图 6.43　研究区干旱面积变化图

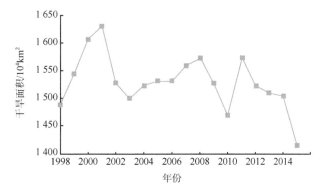

图 6.44　1998～2015 年干旱面积年均值变化图

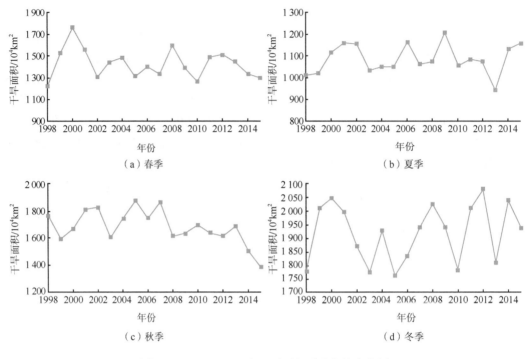

图 6.45　1998～2015 年干旱面积季节均值变化图

6.3.5　防灾减灾中国和国际案例经验

1. 背景

本节重点加强灾前规划、灾前预案、备灾信息与救灾物资、救灾政策条例、灾后重建模式等方面的知识汇聚；加强"一带一路"区域防灾减灾的应用案例，支持"一带一路"倡议的实施和相关经济走廊的建设；增加 2008 年汶川地震遥感影像与地图图件存档数字资料、印度尼西亚海啸、"一带一路"地区高温热浪灾害历史发生事件等防灾减灾经验分享案例。增强服务功能，包括文档与信息的发布等。

2. 技术方案

浏览器端使用 WebGIS 前端类库 LealetJS 或 OpenLayers，结合 Bootstrap 框架，开发实现数据可视化与检索的界面；MapServer 是参照国际规范和标准发布 Web 地图服务（WMS）的。数据和 MapBox 图块的组合已被 LeafletJS 用来生成地图视图。给定地理点和位置对象实例化注释，点击坐标点，以 BindPopup 的方式显示内容。当应用程序页面打开时，卫星地图图像可以可视化为地图服务。

3. 技术实现

收集灾前预防、灾中救援、灾后恢复等方面的知识信息。选取汶川地震、舟曲泥石流、九寨沟地震、南亚区域的防灾减灾国际案例、库布其沙漠化、大兴安岭森林火灾、印度尼西亚海啸、孟加拉国热浪等典型案例，实现了在内容 Web 界面中，有关这些案例的一系列数据、地图、图片、视频、论文、规划报告和其他相关信息集成。

4. 结果说明

在防灾减灾典型案例的中国和国际经验中，增加南亚区域的防灾减灾国际案例（极端天气影响）（图 6.46）、世界防治荒漠化的"中国方案"——库布齐模式经验分享（图 6.47）、大兴安岭林区火灾的经验分享案例（图 6.48）。用户可以点击相应的坐标点，显示相应的标题，然后点击或选择右侧的"更多"按钮，显示具体应用的新界面，包括卫星影像、受影响范围、灾害程度和震中位置、数据信息列表，还包括媒体和培训文件，灾前、灾后救援和灾后恢复的文件清单。

图 6.46　南亚区域的防灾减灾国际案例（极端天气影响）

图 6.47　世界防治荒漠化的"中国方案"——库布齐模式经验分享

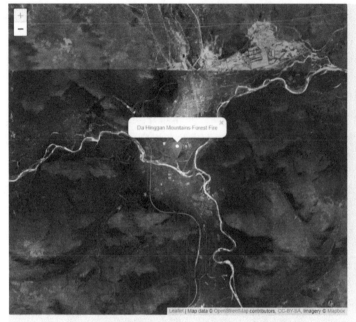

图 6.48　大兴安岭林区火灾的经验分享案例

6.3.6　森林冰冻雨雪灾害监测评估

　　该应用是针对 2008 年南方冰雪灾害的监测评估应用。冰雪灾害造成的树木破坏可分为物理破坏和生理破坏。在 2008 年的冰雪灾害中，森林破坏主要是由物理破坏造成的。此外，物理破坏可分为弯曲、尖端折断、树枝折断、树冠折断、劈裂、茎干折断、脱落（连根拔起和倾覆）等。遭受轻度破坏（如弯曲、尖端和树枝折断）的树木仍可以生长。但是，分裂、连根拔起和茎断裂等严重损害可能会导致生长缓慢甚至死亡。生理破坏，包括尖端的冷伤害（25%～50%的叶子枯萎并掉落，但具有健康的分支和茎）、树枝死亡（50%～75%的叶子枯萎和掉落，多数分支受到伤害但有健康的茎）和寒冷死亡（75%的叶子枯萎和掉落，树枝和茎均不同程度受伤）。

　　通过 WebGIS 技术，发布了中国南方的森林冰冻、雨雪灾害防治知识服务。该知识服务显示了 2008 年 1 月 10 日～2 月 2 日整个华南地区冰雪灾害的每日降水量和温度状况。

　　在中国南方森林冰冻雨雪防灾减灾知识应用中，点击"Type"选择类型，或者点击"Date"选择日期，进行查看冰雪灾害的情况，根据图例颜色进行灾害强度的对比（图 6.49），同时增加了中国南方冻雨雪案例（图 6.50），包括灾前、灾中及灾后相关的新闻信息，也包括了视频、数据以及相关的论文等资料。

The intensity of snow and ice disaster across southern China in 2008, precipitation , January 26th , 2008

Map operation

Type

precipitation

Date

January 26th

Legend

> 20

10 ~ 20

7 ~ 10

5 ~ 7

3 ~ 5

2 ~ 3

1 ~ 2

< 1

500000

图 6.49　中国南方森林冰冻雨雪防灾减灾知识应用

Before disaster   More

The emergency center requires prevention against rain, snow, freezing and secondary forestry disasters

Xinhua news agency, Beijing, February (Xinhua Jiang Guocheng) 8 (reporter Jiang Guocheng) the State Council coal and electricity o......

Rescue in disaster   More

Recalling the 2008 Ice and Snow Disaster

In 2008, China's reform and opening up entered a year. The 30 years of reform and opening up are the 30 years and 30 years of the

The 10th Anniversary Recalls 2008 Southern Ice Disasters

Ten years ago, in early 2008, the "big cold" of the year was very different from the present, and the cold air rolled south, caus......

Restoration after disaster   More

Looking Back on 2008: Fighting Ice and Snow Disasters

At the beginning of 2008, a rare storm of snow and ice raided a vast area in southern China. For a time, traffic in urban and rur......

图 6.50　相关新闻

该应用可以快速准确地获取森林遭受冰雪冷冻灾中损害程度的空间分布数据、受灾区森林植被恢复状况诊断数据、森林植被物候数据等。当冰冻雨雪灾害事件发生时，及时获取森林冰雪受灾情况和监测后期森林植被恢复状况，有助于地方政府部门和居民尽快了解森林遭受冰雪冻灾损害程度和灾后恢复状况，提前采取防灾减灾措施，减少林农、林业的经济损失。

1. 2008 年冰雪冻灾中气象条件对森林植被损毁的影响

在影响林木抵抗力的因素中，天气灾害的强度和持续时间是造成林木受灾程度的决定性原因。对于一般的冰雪灾害而言，当降落在树上的雪或者冰的重量超过了树木承载的限度时，就会引起树木的弯曲或者折断，其中弯曲会造成树木永久性的内部生理损伤。研究人员根据中国气象局制定的冰冻标准（日均温低于 1℃，日降水量大于 0 mm），提取 2008 年我国南方丘陵地区森林植被冰冻区域，计算冰冻区冰冻期总降水量和平均降水量，并与森林植被损毁程度评估数据进行叠加，如图 6.51 所示。

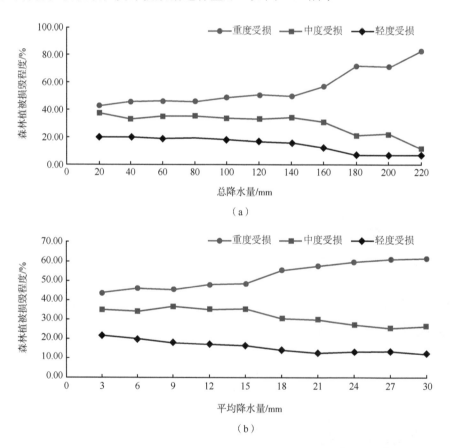

图 6.51　冰冻期总降水量与森林植被损毁程度及冰冻期平均降水量与森林植被损毁程度

图 6.51（a）展示的是冰冻期总降水量与森林植被损毁程度之间的关系。随着总降水量的增加，森林植被重度受损所占比例不断上升，森林植被中度受损和轻度受损所占比例不断下降，特别是在总降水量达到 140 mm 后，森林植被重度受损所占比例急剧上升，甚至超过 80%。在总降水量达到 140 mm 之前，各森林植被受损程度所占比例变化较小。图 6.51（b）展示的是冰冻期平均降水量与森林植被损毁程度之间的关系。随着平均降水量的增加，森林植被损毁程度也在加剧。相比于总降水量，冰冻期平均降水量对森林植被损毁程度的影响相对较小。

2. 2008 年冰雪冻灾中地形因素对森林植被损毁的影响

海拔的高低是影响树木受损程度的因素之一，但不同地区的林分受损特点受海拔影响的差异十分显著，高海拔地区树木的受损程度要远大于低海拔地区。这是因为海拔越高，温度越低，再加上高海拔处湿度更大，更易结冰，使得树冠上冰雪的积累量相对更多，而且冰冻的时间也越长，对林木抵抗冰雪能力的考验更加严峻。有学者统计了 2008 年某地区不同海拔脐橙的冻害情况，发现随着海拔的升高，冻害综合指数增大（表 6.6）。在 200～300 m 的海拔区，果园未受冻害的脐橙比例分别为 55.0%、65.0%、65.0%。随着海拔的升高，冻害程度加深。在 401～500 m 海拔区，果园中 3 级以上冻害比例明显增加，在果园中所占比例分别为 15.0%、15.0%、20.0%；海拔 501～600 m 地区，果园中 3 级以上冻害比例分别为 65.0%、55.0%、75.0%；海拔 600 m 以上地区，果园中 3 级以上冻害比例分别为 90.0%、85.0%、80.0%。

表 6.6　海拔对柑橘种类的影响

柑橘种类	海拔/m	冻害比例/%											
		新滩西陵峡				周坪乡九湾堂				郭家坝熊家岭			
		0 级	1 级	2 级	>3 级	0 级	1 级	2 级	>3 级	0 级	1 级	2 级	>3 级
脐橙	200～300	55.0	35.0	10.0	0.0	65.0	30.0	5.0	0.0	65.0	35.0	0.0	0.0
	301～400	30.0	40.0	25.0	5.0	45.0	45.0	10.0	0.0	30.0	50.0	20.0	0.0
	401～500	10.0	35.0	40.0	15.0	20.0	20.0	45.0	15.0	20.0	30.0	30.0	20.0
	501～600	0.0	0.0	35.0	65.0	0.0	5.0	40.0	55.0	0.0	5.0	20.0	75.0
	601～700	0.0	0.0	10.0	90.0	0.0	0.0	15.0	85.0	0.0	0.0	20.0	80.0

除海拔外，坡度和坡向也对冰雪冻灾森林植被损毁有着明显影响。可以基本肯定，坡度的陡峭程度与森林受损程度呈显著的正相关。由于树木的趋光性，陡坡处林木树冠生长不对称，使得积压在树冠上的冰雪质量不均衡，从而导致了严重的折断和翻篼。

有学者统计了 2008 年某地区不同坡向坡位柑橘的冻害情况（表 6.7），阴坡冻害综合指数大于阳坡，可见阴坡果园比阳坡果园更易受冻害。这是因为迎风坡的树冠多生长不对称，而且风口极易发生冰冻，再加上风本身对林木就有一定的冲击作用，使得迎风坡受灾惨重；而阴坡由于长期受不到阳光的照射，温度更低，冰雪不容易融化，因此受到的损害更为严重。此外，位于坡谷的森林在遭遇雨雪冰冻灾害时比处于坡顶或中部的森林更容易受损。对于不同朝向的山坡（如南坡、北坡）来说，其森林受损的程度则各不相同，需视具体情况而定。

表 6.7　坡向坡位对柑橘损毁影响

柑橘种类	坡向	坡位	冻害综合指数			平均值±标准差	同坡向不同坡位差异性
			凤凰山果园	半月镇五里岗果园	紫盖寺林场果园		
柑橘	阴坡	坡谷	68.8	61.3	67.5	65.8±4.0	a
		坡中	45.0	48.3	45.0	46.1±1.9	d
		坡顶	51.3	56.7	52.5	53.5±2.8	c
	阳坡	坡谷	58.3	58.3	61.7	59.4±2.0	b
		坡中	40.0	41.7	41.7	41.1±1.0	e
		坡顶	48.3	50.0	48.3	48.9±1.0	d

3. 2008 年冰雪冻灾中树种类型对森林植被损毁程度的影响规律

按各树种受损样本数占总受损样本数的比例可得出：杉木＞马尾松＞湿地松，常绿阔叶＞落叶阔叶，针叶混交林＞针阔混交林＞林竹混交林。从各树种/林分样点折损率高低来说，则是：湿地松＞马尾松＞杉木，天然次生落叶阔叶林＞竹子＞林竹混交林＞针阔混交林＞常绿阔叶＞针叶混交林。

树种自身的生物学特征，特别是抗寒抗冻能力的差异对其受损程度和表现形式有很大影响。树种特性是林木抵抗雨雪冰冻灾害的生理因素和内在前提条件，为其抵御自然灾害提供了一种潜在的可能性，是所有影响因素中最基础、最重要、最有力的。由于不同植物的生理生态特性不同，其对极端雨雪冰冻天气表现出的敏感程度也有很大差异，因此在众多的影响因子中，对于树种的研究是最受关注的。如竹类，秋季出笋的竹类一般比春季出笋的竹类受损严重，这是因为其新陈代谢更加活跃，且木质化程度不高，更加容易遭受冻害的冲击。根系特性能影响林木的抗倒伏能力，林木发生倒伏与其侧根的数量、大小及根系生物量有显著关系，侧根数量较多、较粗，根系生物量较大的林木抗倒伏的能力更强。

此外，速生树种相对于慢生树种受灾严重，因为速生树种的树高生长很快，其高径比相对较大，容易发生折断；常绿树种比落叶树种受灾严重，这是因为落叶树受灾时，其叶片承载冰雪量比常绿树种少很多；外来树种的受损程度高于乡土树种。

4. 2008 年冰雪冻灾中林分特征对森林植被损毁的影响规律

就目前所得到的调查数据而言,大多显示树木在混交林模式中的抗性比纯林模式强。因为混交林生物多样性高,林分的稳定性和抵抗力相对生物多样性低的纯林而言更加强,再加上混交林的冠层交错起伏,能够在一定范围内对雨雪进行层层阻截,使得下层的冠层承载的冰雪量降低,从而降低了受损程度。由于天然林的树种和结构的稳定状态是其长期进化的结果,因此其抵抗力要高于人工林;再加上人工林一般采用了引种措施,不合理的引种会导致其抵抗力降低,所以一般人工林比天然林受灾更为严重。不同林型的受灾情况也有很大差异,普遍认为,针叶树种比阔叶树种受灾严重,这是因为针叶林多为纯林,而阔叶林多为混交林。

此外,林木的受灾情况与造林措施和经营管理状况密不可分。经营管理不当的林分,林木长势不佳,病虫害肆虐,抵抗冰冻的能力弱;特别是在冻害前没有采取树体包干、覆盖、摇雪等抗冻防护措施的林分,受损程度更为严重;防护林有明显降低冻害的作用;人工抚育能有效地降低森林的受损程度。

6.3.7　低温冻害监测产品

冰雪冻灾是亚热带森林生态系统的主要生态干扰之一,对森林结构及生态系统功能有重要影响。2008 年年初,我国南方地区遭遇 50 年一遇的冰冻雨雪灾害天气,据有关部门统计,此次灾害造成湖南、江西等 19 个省区森林受灾损害,受灾面积达 $0.186 \times 10^8 \text{ hm}^2$,占全国森林总面积的 1/10。对受灾区域内森林资源损害快速准确评估,有助于及时掌握森林灾情状况,为灾后修复工作、森林生态系统管理以及预防此类灾害性事件发生提供科学依据。

1. 湖南省冰雪冻灾干扰的森林区域范围提取

在研究中,对图像阈值法加以改进,提出了一种新的算法——阈值比值法,对湖南省进行森林资源受冰雪冻灾破坏范围评估,并与图像阈值法评估结果对比。结合地形因子对评估结果进行统计分析,在县级尺度上使用部分地区人工调查数据进行验证,以期提供一种森林雪灾损失的快速评估方法。将搜集的数据资料以及从其他文献中获取的森林雪灾评估数据作为真实数据,计算实验数据与真实数据之间的标准误差,用来评价本研究的评估方法。

利用 Python 脚本语言实现森林冰雪受灾区域提取算法。结果表明,湖南省森林雪灾受灾面积为 $415.97 \times 10^4 \text{ hm}^2$,占湖南省森林面积的 34.72%。其中,受灾区域主要集中在湖南省南部地区,而北部地区分布相对较少(图 6.52)。虽然湖南省对外公布的 2008 年森林冰雪灾害受灾面积达 $453.12 \times 10^4 \text{ hm}^2$,两者相差 $37.15 \times 10^4 \text{ hm}^2$。但对比森林受灾率,与实际调查数据仅相差 0.58%,间接证明了本工作提取的森林雪灾受灾区域准确性。

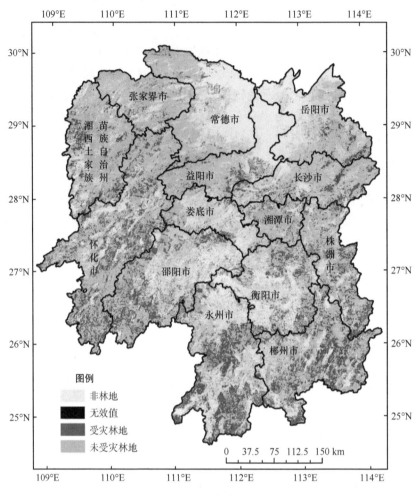

图 6.52　2008 年湖南省森林冰雪受灾区域空间分布

2. 湖南省森林冰雪灾害损失评估试验研究

采用图像阈值法和阈值比值法，对森林受灾区域进行损失评估。为对比两种方法评估结果，本研究根据湖南省道县林业局提供的数据资料，将评估结果分为重度受灾、中度受灾以及轻度受灾，并设置相应的分级阈值。从图 6.53 中可以看出，两种方法对湖南省西北地区的森林受灾损失程度评估结果大致相同，以重度受灾为主。但是南部地区和东部地区的评估结果相差较大，在图像阈值法评估结果中，中度、轻度受灾比例大幅度增加，而在阈值比值法评估结果中，中度、轻度受灾区域所占比例较小。为更加直观地展示两种方法的评估结果，本研究统计了全省及部分县市的评估结果，两种方法在省级尺度的评估结果比较接近，不同受灾程度面积所占比例相近。但是在县级尺度，两种方法的评估结果相差较大，特别是位于湖南省北部地区的浏阳市，重度受灾面积相差17.88%，轻度受灾面积相差 21.74%。

利用 MODIS NDVI 时序数据提取湖南省 2008 年森林冰雪受灾区域。在传统图像阈值法基础上，提出新的阈值比值法，对森林冰雪受灾区域进行森林资源损失评估。与图像阈值法相比，阈值比值法评估结果与人工调查数据更为接近，全省森林冰雪受灾率达34.72%，主要分布在湖南省南部地区，特别是永州市、郴州市。对森林雪灾受损程度分析表明，全省森林资源受损严重，森林重度受灾率高达 53.69%，森林中度受灾率达27.50%，而森林轻度受灾率仅为 18.81%。

与海拔、坡向等叠加分析表明，高海拔森林受损程度比低海拔森林严重，800 m 以上的森林重度受损率高达 58.91%，处于阴坡的森林受损程度比阳坡森林严重。本研究有助于实现森林冰雪冻灾的快速准确评估，对灾后森林修复工作和森林生态系统管理工作有重要意义。

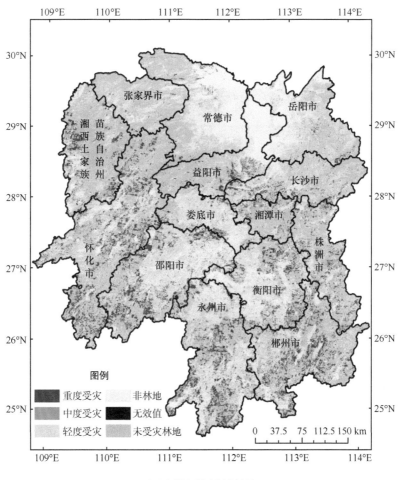

（a）图像阈值法评估结果

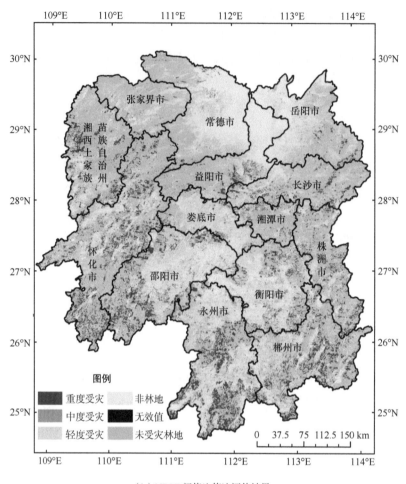

（b）NDVI 阈值比值法评估结果

图 6.53　森林雪灾损失评估结果

3. 中国南部地区冰雪冻灾后亚热带森林受灾范围遥感提取

目前已有的基于遥感技术提取森林冰冻受灾范围的算法有多种，大致可以分为两类：阈值法和影像分类法。但无论是阈值法还是影像分类法，均存在以下不足：缺乏一个合理且客观的受灾阈值确定方法，对所有森林像元设置单一的受灾阈值，没有考虑不同森林像元内地理环境、植被类型等关键因素综合影响的差异，致使提取结果不是很合理。

本研究针对已有提取算法的不足，改进受灾阈值提取算法，逐像元提取森林冰雪受灾阈值，从而提取研究区 2008 年冰雪冻灾的范围。受灾范围提取流程如图 6.54 所示。

首先利用 MODIS 数据集里面的质量评价文件 VI_Quality 对 MODIS 数据产品进行数据有效性筛选；然后根据筛选后数据提取灾后植被参考值和植被受灾阈值，逐时段判断森林像元是否受灾；最后选择合适的时段，辅以土地覆被数据和行政边界数据，提取研究区森林冰雪冻灾范围。

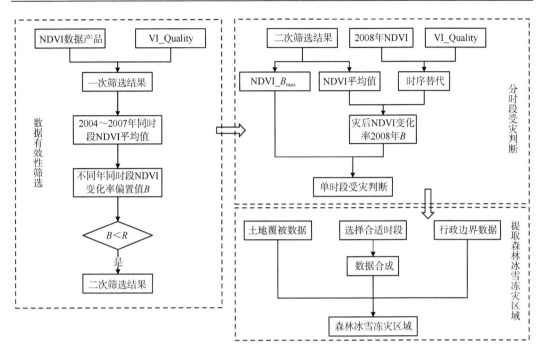

图 6.54　冰雪冻灾森林植被受损范围提取技术流程

计算灾后森林像元同时段植被 NDVI 波动值，将其作为判断是否受灾的指标，记作 M，公式如下：

$$M = \frac{\overline{\mathrm{NDVI'}} - \mathrm{NDVI}_{2008}}{\overline{\mathrm{NDVI'}}} \qquad (6\text{-}11)$$

式中，NDVI_{2008} 表示 2008 年同时段植被 NDVI 值。若 M 大于 $B_{\max}$，认为该像元受灾；反之，未受灾。由于天气条件等因素的影响，灾后某一时段植被 NDVI 值无法获取或有效性较低，造成部分森林无法判断是否受灾。为尽可能提取森林冰雪受灾范围，本研究分时段（049，065）提取森林冰雪受灾范围，将两个时段提取结果采用"或"运算合成，即任何一个时段判断森林受灾，则视该森林像元受灾。

研究区（包括湖南省、湖北省、江西省、浙江省、福建省、广东省、广西壮族自治区、贵州省、安徽省、重庆市）森林冰雪冻灾范围提取结果如图 6.55 所示。从提取结果可以看出，受灾区主要分布在贵州省、广西壮族自治区北部、广东省南部、湖南省南部、江西省以及浙江省。根据国家气象中心数据显示，2008 年中国南方特大雪灾，贵州、湖南、江西以及安徽南部地区是冻雨覆盖区，也是此次冰雪灾害森林受灾影响最为严重的区域，这些地区提取的森林冰雪受灾面积与官方公布数据较为接近，能够作为森林资源损失调查参考的依据。但是在广东和广西两省份，森林冰雪受灾范围明显过大，根据已有研究资料显示，与其他省份相比，广东省和广西壮族自治区森林冰雪受灾率较低。广东省森林冰雪受灾范围主要分布在广东省北部的南岭地区，广西壮族自治区森林冰雪受灾范围也主要分布在北部地区，其余地区森林资源受冰雪灾害影响较小。

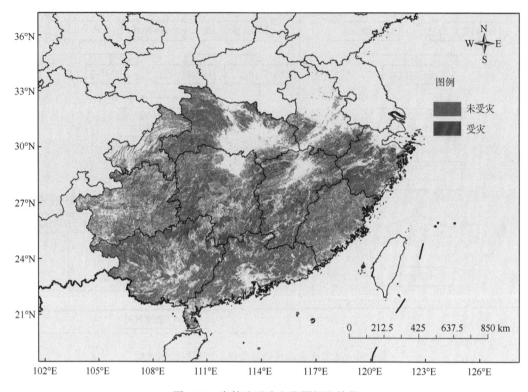

图 6.55　森林冰雪冻灾范围提取结果

分析认为，造成广东省、广西壮族自治区森林冰雪受灾范围提取过大的原因有以下两点：①此次森林冰雪灾害主要是由于林木长时间遭受低温积雪挤压，造成林木机械损伤或生理损伤。因此，冰雪覆盖期间，气温和降水量是此次冰雪灾害的两个重要影响因素，而在本课题研究方法中，未能将气温、降水量这两种体现冰雪冰灾特殊性的主要因素考虑进来。②MODIS 植被指数受大气状况影响，造成部分数据质量较差，使用植被指数产品数据集中的质量评价文件未能将灾后所有的质量较差的数据全部剔除，可能会由于云等大气因素造成未受灾森林被误分为受灾森林。

本研究使用改进后的森林冰雪受灾范围提取算法，能够较好地提取研究区森林冰雪冻灾范围，特别是适应于冰雪受灾严重的地区，但是对于少部分省份，提取范围过大，需要在后期研究中，将气温和降水量两大重要影响因素考虑于其中，以体现冰雪灾害相对于其他自然灾害的特殊性。

4. 中国南部地区冰雪冻灾后森林植被受损程度评估

在分析比较森林冰雪受灾区植被指数变化特征的基础上，选择 MOD13Q1 植被指数产品时间序列数据为数据源，设置相应的判别条件，分时段、分像元提取森林冰雪冻灾空间分布信息。根据提取结果，评估受灾区森林植被受损程度。技术路线（以 NDVI 数据为例）如图 6.54 所示。

传统的基于遥感植被受损程度评估方法，主要依据受灾前后影像变化值，评估植被受损程度，没有考虑不同森林像元具有不同的受灾阈值，导致某些森林像元植被指数变化率较大（刚刚超过受灾阈值）被视为植被受损程度较严重，从而致使评估结果不合理。

本研究改进了传统方法的评估指标，将灾后植被指数变化率与植被正常波动范围之间的差值作为新的评估指标，记作 A，计算公式如下：

$$A = M - B_{\max} \tag{6-12}$$

森林植被受损程度评估结果如图 6.56 所示。除广东省和广西壮族自治区，贵州省、湖南省以及江西省相比于其他省市，三省森林资源损失较为严重。其他省份森林资源损失程度评估指标主要集中于 0～0.1，但是在贵州、湖南以及江西三省的部分评估指标集中在 0.1～0.3。

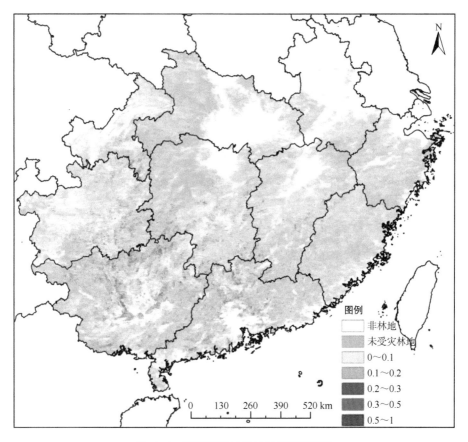

图 6.56　研究区森林植被受损程度评估

对比广东、广西、湖南、江西以及贵州五省（区），发现两广地区森林雪灾损失比湖南等三省严重，但是根据已有研究资料显示，两广北部地区森林雪灾损失较为严重，其余地区森林雪灾损失较小或未有损失。造成广东、广西两省（区）评估结果与实际结果差异较大的原因，与两省（区）森林冰雪受灾范围提取过大的原因一致，均为数据质量原因或没有考虑气温与降水量的影响。

第7章 防灾减灾知识服务系统用户服务

7.1 用户需求调研

7.1.1 平台用户概况

国际工程科技知识中心（IKCEST）防灾减灾知识服务系统（DRRKS）提供面向全球的防灾减灾元数据目录、灾害科学数据资源、知识服务应用、灾害地图、教学视频及教程、科普等方面的知识服务。DRRKS用户主要分为五类：一是UNESCO等国际组织或机构；二是防灾减灾相关政府机构和管理技术人员；三是从事防灾减灾的科技工作者；四是高等教育机构和学生；五是社会公众。

为真正贴近用户诉求，2018～2020年DRRKS开展了IKCEST防灾减灾知识服务系统问卷设计和调研，共收回434份调查问卷（中英文）。问卷调查结果显示，用户对DRRKS网站设计总体比较满意，认为其内容丰富多元化，是一个对用户友好的网站。用户对本平台中的以下资源关注度最高，即灾害科学数据、灾害知识应用、灾害科普教育、灾害专家库、灾害机构库、每日地震灾害事件、新闻栏目。

7.1.2 用户调查问卷设计

DRRKS设计了IKCEST防灾减灾知识服务系统调研问卷中、英文版。问卷共包含15道题，具体如下。

（1）您的性别？

（2）您的年龄？

（3）您的教育程度？

（4）您的专业领域？

（5）您的工作单位性质属于？

（6）您平时关注灾害信息吗？

（7）防灾减灾知识您了解吗？

（8）您如何理解防灾减灾？

（9）您如何理解数据共享和知识服务？

（10）您认为用何种方式宣传防灾减灾能起到良好的效果？

（11）您之前了解过本防灾减灾知识服务系统网站（http://drr.ikcest.org）吗？

（12）网站哪些内容您觉得最有用？

（13）您觉得防灾减灾知识服务系统网站如何？

（14）您对我们的网站还有什么改进建议？

（15）您会把我们的网站推荐给别人吗？

7.1.3　问卷调查实施

防灾减灾分中心于 2018～2020 年组织开展了用户需求问卷调查，共收回 434 份调查问卷。

1. 国际培训班问卷调查

2018 年 10 月 9～26 日，由国际知识中心（IKCEST）、防灾减灾分中心（DRR）和科技部国际合作司共同举办的"一带一路"地区资源环境科学数据共享与防灾减灾知识服务国际培训班，在中国科学院地理科学与资源研究所举办。本次培训班共招收 18 名学员（实到 17 人），分别来自俄罗斯、蒙古国、泰国、巴基斯坦、孟加拉国、缅甸、苏丹、玻利维亚、斯里兰卡等 9 个国家。防灾减灾分中心于 2018 年 10 月 24 日指导培训班学员开展在线问卷调查。全体学员参加，并认真填写了在线调查问卷。

2019 年 5 月 1～20 日由国际知识中心（IKCEST）、防灾减灾知识服务分中心和科技部国际合作司共同举办"一带一路"地区资源环境科学数据共享国际培训班。培训班共有来自俄罗斯、蒙古国、巴基斯坦、印度、尼泊尔、泰国、玻利维亚、苏丹等 8 个国家的 18 名学员参加。培训期间，防灾减灾分中心于 5 月 3 日指导培训班学员开展现场问卷调查，共收回 15 份英文问卷。

2020 年 11 月 9～11 日，"中巴经济走廊防灾减灾知识服务培训班"以腾讯会议的形式在线上举办，来自巴基斯坦、中国、尼泊尔、斯里兰卡、印度尼西亚、孟加拉国、蒙古国、埃塞俄比亚、阿尔及利亚、尼日利亚、秘鲁等 11 个国家的 179 名学员注册报名。培训班最后开展了线上问卷调研填写，共收集 34 份问卷。

2. 巴基斯坦培训班现场问卷调查

2019 年 9 月 30 日～10 月 4 日，"资源环境科学数据共享与防灾减灾知识服务国际培训班"在巴基斯坦伊斯兰堡真纳大学地球科学学院举办。培训期间，DRRKS 于 10 月 4 日开展了现场问卷调查，共收回 68 份英文问卷。

3. 防灾减灾知识服务国际研讨会现场问卷调查

2018 年 10 月 20 日，DRRKS 团队在第二届防灾减灾知识服务国际研讨会现场进行了问卷调研，共收回问卷 53 份。

2019 年 12 月 13 日，DRRKS 在第三届防灾减灾知识服务国际研讨会现场开展了问卷调查，共收回 24 份问卷。其中 16 份中文，8 份英文。

4. 重点高等院校等用户调查

2018～2020 年 DRRKS 团队对中国矿业大学（北京）、武汉大学、山东理工大学、中国地质大学（北京）、中国地质科学院、西安科技大学、江苏海洋大学以及中国科学院相关研究院所、巴基斯坦真纳大学等重点高等院校和科研机构进行了线下和线上问卷调研，共收回问卷 223 份。

7.1.4　用户问卷调查分析

调查结果显示，调查对象 64%为男性，36%为女性；20 岁以下占 7%，20～30 岁占 68%，30～40 岁占 14%，40 岁及以上占 11%；大专学历占 3%，本科学历占 17%，硕士学历占 55%，博士学历占 25%；调查对象的专业背景包括地球科学、地质、测绘工程、计算机技术、地理信息、地球物理、遥感、环境、水文、水灾害、冰川、构造、公共安全、建筑等；调查对象 3%来自国际组织或机构，3%来自政府机构，57%来自高校，26%来自科研院所，3%来自事业单位，4%来自企业，4%为自由职业者（图 7.1）。

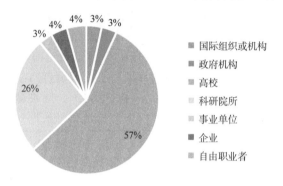

图 7.1　用户来源机构分布图

根据调查问卷结果，对灾害信息的关注程度上，经常关注的人占 46%，偶尔关注的人占 50%，不关注的占 4%；防灾减灾知识了解程度，非常了解占 18%，比较了解占 29%，了解占 26%，不太了解占 24%，不了解占 3%；对防灾减灾知识服务系统网站的了解情况，了解过占 38%，不了解占 62%；认为用何种方式宣传防灾减灾能起到良好的效果，48%选择进行防灾减灾教育培训，42%选择开展防灾减灾演习，39%选择制作防灾减灾宣传视频、动画等，18%选择在街头组织宣传活动发放宣传手册，34%选择通过媒体进行专题宣传报道，26%选择利用官方应急网站发布权威信息，37%选择将防灾小知识直接推送到手机（图 7.2）。

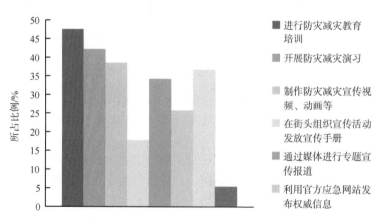

图 7.2　防灾减灾知识服务系统宣传方式调查

网站哪些内容用户觉得有用，45%选择灾害科学数据集，39%选择灾害知识应用，30%选择灾害科普教育，21%选择灾害专家库，15%选择灾害机构库，24%选择每日地震灾害事件更新，19%选择新闻栏目（图7.3）。

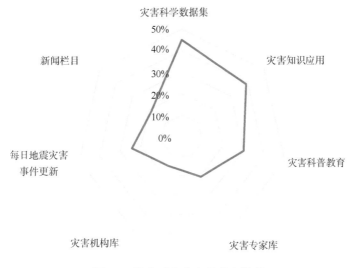

图 7.3　防灾减灾内容吸引力调查

7.2　用户服务日志

防灾减灾知识服务系统 2017 年 6 月～2020 年 12 月网页浏览量平均为 1.8 万次/月，2019 年 12 月达到 71 176 次（图 7.4）；会话数平均为 5 790 次/月，用户数平均为 4 495 人/月（图 7.5）。

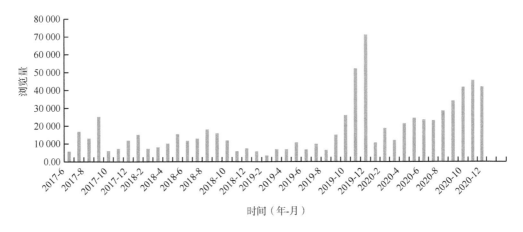

图 7.4　防灾减灾知识服务系统网页浏览量统计（2017 年 6 月～2020 年 12 月）

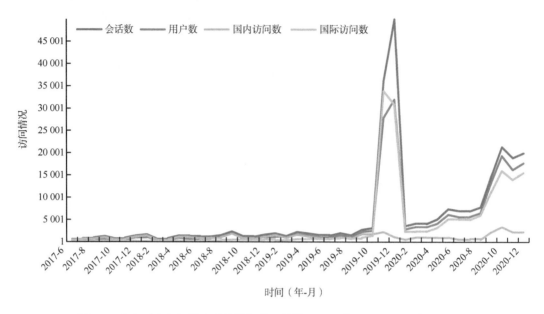

图 7.5 防灾减灾知识服务系统访问情况统计（2017 年 6 月～2020 年 12 月）

防灾减灾知识服务系统国外访问一直在稳步地增长，2017 年 12 月国外访问占比 14.71%，2018 年 12 月国外访问占比 31.69%，2019 年 12 月国外访问占比 96.57%，2020 年 12 月国外访问占比 87.82%（图 7.6）。

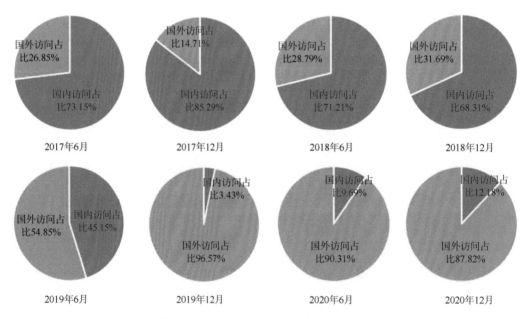

图 7.6 防灾减灾知识服务国内外访问占比

防灾减灾知识服务系统每次会话流量页数自 2017 年 6 月至 2020 年 12 月期间最多时可达 20 页，且会话流量页数的顶峰出现在 2017 年 8～10 月之间（图 7.7）。

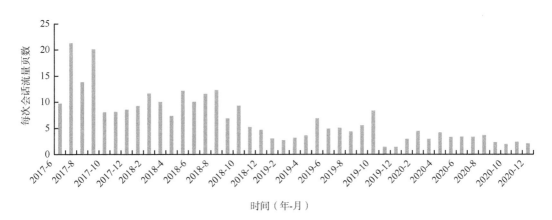

图 7.7　防灾减灾知识服务系统每次会话流量页数（2017 年 6 月～2020 年 12 月）

年度目标完成率（累计）自 2020 年 4 月监测以来在累计增长，2020 年底累计目标完成率达到 163.21%。

流量来源有：直接访问、外部链接、搜索引擎、社交媒体；访问终端有：桌面、移动、平板（图 7.8）。

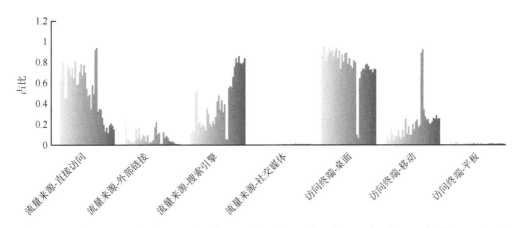

图 7.8　防灾减灾知识服务系统流量来源及访问终端占比（2017 年 6 月～2020 年 12 月）

防灾减灾知识数据集点击数（2017 年 6 月～2020 年 12 月）逐月递增，2017 年 12 月底达到 794 次，2018 年 12 月底达到 7 555 次，2019 年 12 月底达到 13 889 次，2020

年 12 月底达到 17 096 次，平均 8 753 次/月（图 7.9）。数据集总数平均 133 个/月，数据集平均点击数 55 次/月（图 7.10）。新增注册用户 123 人/月，新增用户一直是递增趋势（图 7.11）。

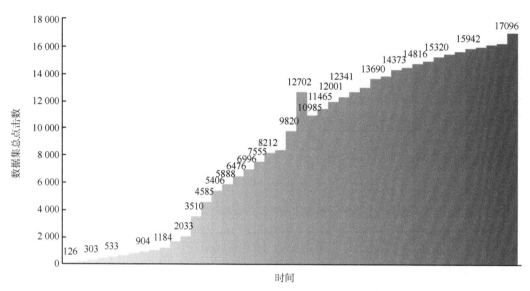

图 7.9　防灾减灾知识数据集点击数（2017 年 6 月～2020 年 12 月）

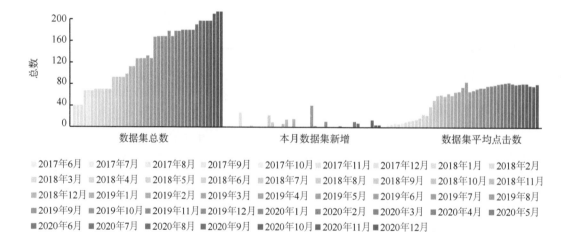

图 7.10　防灾减灾知识服务数据集总数与本月数据集新增以及数据集平均点击数

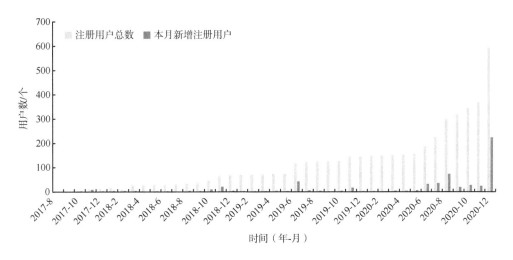

图 7.11　防灾减灾知识服务注册用户及本月新增注册用户

7.3　科技脉动推送

近年来发展的文献计量学，是借助文献的各种特征数量，采用数学与统计学方法来描述、评价和预测科学技术的现状与发展趋势的图书情报学分支学科。美国科学信息研究所的 Web of Science（WoS）核心合集数据库收录了世界各学科领域内最优秀的科技期刊，其收录的论文能在一定程度上及时反映科学前沿的发展动态和国家、机构发文情况，进一步反映在某一学科各个国家和机构的优势地位。InCites 数据库以 WoS 核心合集数据库的数据为基础，集成了"分析集成指标系统"[①]以及 Essential Science Indicators（ESI）和 Journal Citation Report（JCR）关键指标，可以充分揭示各学科领域内国家和机构间的学术竞争力。

通过文献计量分析获悉防灾减灾科学领域主要国家和研究机构的论文产出及其影响力、学科领域的研究热点方向等，并对我国研究的优劣势进行分析，从而在宏观上把握防灾减灾科学研究的发展态势。防灾减灾知识服务系统定期对外发布防灾减灾领域的科学文献计量分析报告，并以科技脉动的产品方式对外提供服务。

结合专家判读，截至 2020 年 12 月 31 日，共计检索到 8 251 篇发表于 2020 年的防灾减灾领域 SCI 期刊论文，共计 161 个国家/地区在本领域开展了相关研究。

——发文量前 12 位（发文量大于 250 篇）的国家是：中国、美国、英国、意大利、印度、德国、日本、澳大利亚、法国、加拿大、伊朗和西班牙。中国发文量居全球之首。

——美国地质调查局（USGS）的论文被引率最高，超过 60%的论文已经被引用；其次是意大利的 Ist Nazl Geofis & Vulcanol 和法国国家科学研究中心（CNRS）；中国论文被引率最高的机构是武汉大学和中国矿业大学。

——主要分布在以下 12 个学科方向（论文数量大于 300 篇）：环境科学、地球科学多

---

① http://help.incites.clarivate.com/inCites2Live/8980TRS/version/default/part/AttachmentData/data/InCites-Indicators-Handbook%20-%20June%202018.pdf。

学科、水利、气象学与大气科学、公共环境和职业健康、地球化学与地球物理学、环境研究、绿色可持续科技、工程地质、遥感、工程环境和自然地理。中国在灾害防治研究共涉及 68 个学科领域，但主要分布在以下 12 个学科方向（论文数量大于 100 篇）：环境科学、地球科学多学科、水利、气象学与大气科学、工程地质、工程环境、遥感、地球化学与地球物理学、绿色可持续科技、公共环境和职业健康、环境研究和自然地理。中国在灾害防治领域较少涉及绿色可持续科技。

　　—四个热点研究主题为：水体、土壤与大气中的重金属引发的健康风险研究，基于地理信息系统的地质灾害监测研究，脆弱性视角下的自然灾害风险管理研究，气候变化引发极端天气气候事件研究。

7.3.1　研究力量分布

1. 主要国家论文产出及其影响力

　　截至 2020 年 12 月 31 日，检索人员共计检索到 8 251 篇发表于 2020 年的本领域 SCI 期刊论文，共计 161 个国家/地区在本领域开展了相关研究。发文量前 12 位（发文量大于 250 篇）的国家/地区是：中国、美国、英国、意大利、印度、德国、日本、澳大利亚、法国、加拿大、伊朗和西班牙。中国发文量居全球之首，总计有 1886 篇论文有中国的参与，大约占全部论文的 26.4%，在该研究领域占据主导地位；美国的论文数量仅次于中国，约占全部论文的 19.4%（表 7.1）。

　　发文量前 12 的国家中，中国和美国的论文被引频次[①]最高，但是美国论文被引比例比中国略高。德国和法国的论文被引比例较高，超过 50% 的论文已经被引用。澳大利亚和伊朗的论文篇均被引频次较高，且这两个国家的高被引论文[②]比例均较高，分别达到了 2.24% 和 3.21%，远高于其他 TOP12 发文国家的高被引论文比例，具有较强的研究实力。此外，伊朗产出的热点论文[③]比例也最高，说明伊朗在最近一年产出了相当数量的高水准成果，得到了世界科学家的关注（表 7.1）。值得注意的是，年发文量仅有 107 篇论文的越南，截至统计时间已产生了 8 篇高被引论文，高被引论文数量仅次于中国、美国和伊朗，具有很高的科研效率。总的来说，澳大利亚与伊朗在本领域的发文数量虽然不是最多的，但是论文篇均被引频次高，论文被引比例高，科研效率较高。中国和美国参与的科学研究发文量大，但是论文篇均被引频次相对较低，论文被引比例低，科研效率有待提高（图 7.12）。

---

① Web of Sciences 核心合集被引频次。

② http://help.incites.clarivate.com/inCites2Live/8980TRS/version/default/part/AttachmentData/data/InCites-Indicators-Handbook%20-%20June%202018.pdf。

③ http://help.incites.clarivate.com/inCites2Live/8980TRS/version/default/part/AttachmentData/data/InCites-Indicators-Handbook%20-%20June%202018.pdf。

表 7.1　SCIE 数据库中灾害防治研究发文量前 12 位的国家及其影响力

排名	国家	网络科学文献数	被引次数	文章引用比例/%	引用的频率	高频引用文章比例/%	热门引用文章比例/%
1	中国	2 176	2 152	45.5	1.52	1.01	0.14
2	美国	1 622	1 452	47.4	1.30	0.80	0.18
3	英国	663	778	47.4	1.55	1.06	0.15
4	意大利	662	707	53.8	1.70	0.76	0.15
5	印度	530	626	41.5	1.67	0.94	0
6	德国	438	471	50.2	1.64	0.91	0
7	日本	402	555	42.5	1.21	1.24	0
8	澳大利亚	401	331	48.6	1.91	2.24	0
9	法国	330	294	50.0	1.30	0.61	0
10	加拿大	315	497	47.0	1.36	0.32	0.32
11	伊朗	312	300	47.1	2.12	3.21	0.64
12	西班牙	298	277	49.0	1.40	1.34	0

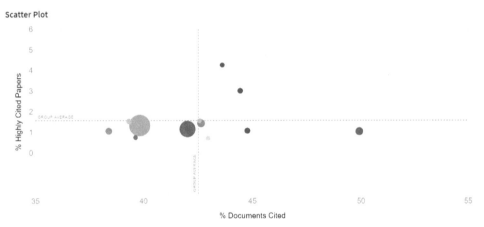

Indicators: % Documents Cited, % Highly Cited Papers, Web of Science Documents. Time Period: 2020-2020. Person ID Type Group: name. Schema: web of science. Location Type: country/region. Publisher Type: all. Funding Agency Type: all. Person ID Type: fullname. Person ID Type: fullname. Dataset: Web of Science DISASTER 2020.

InCites dataset updated Dec 17, 2020. Includes Web of Science content indexed through Nov 30, 2020.Export Date: Jan 18, 2021.

图 7.12　各国论文总量、高被引论文比例与被引论文比例图示

2. 主要研究机构论文产出及其影响力

发文量排名前 10 的机构（发文数量大于 70 篇），中国机构最多（7/10），说明中国在本领域的研究体量较大。美国地质调查局（USGS）有 63.3%的论文已经被引，其论文被引率最高；其次是意大利的地质与火山研究所（Ist Nazl Geofis & Vulcanol）和法国国家科学研究中心（CNRS）。中国机构中论文被引率最高的是中国矿业大学和武汉大学。此外，武汉大学和长安大学的论文篇均被引频次明显高于其他机构的平均水平，说明其平均产出质量较高（表 7.2）。值得注意的是，长安大学和武汉大学虽然总发文数

量相对中国科学院等机构较低，但是参与发表的论文中高被引论文比例较高，科研效率较高（图 7.13）。另外，中国科学院和美国地质调查局也有高被引论文发表。

表 7.2　SCIE 数据库中灾害防治研究发文量前 10 位的机构及其影响力

排名	机构	国家	出版数量	文档引用比例/%	引用次数	引用频率	高频引用论文比例/%
1	中国科学院	中国	375	45.07	550	1.47	0.53
2	美国地质调查局	美国	109	63.30	205	1.88	1.83
3	中国矿业大学	中国	102	52.88	169	1.66	0
4	中国地质大学	中国	84	46.88	163	1.94	0
5	意大利地质与火山研究所	意大利	82	58.82	139	1.70	0
6	法国国家科学研究中心	法国	81	57.14	164	2.02	0
7	武汉大学	中国	78	53.66	160	2.05	2.56
8	北京师范大学	中国	74	41.89	58	0.78	0
9	长安大学	中国	74	47.30	178	2.41	6.76
10	中国地震局	中国	72	45.83	94	1.31	0

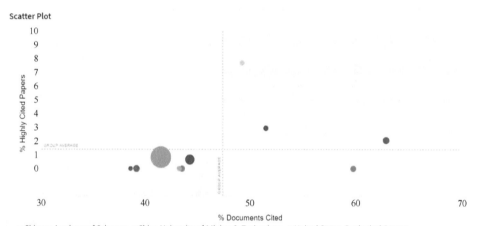

图 7.13　各机构论文总量、高被引论文比例与被引论文比例图示

7.3.2　研究热点方向

1. 主要学科领域

基于 WoS 平台，灾害防治研究共涉及 93 个学科领域[①]，但主要分布在以下 12 个学

---

① Web of Sciences：学科分类体系为复分体系，即一篇论文可能属于多个学科。

科方向（论文数量大于 300 篇）：环境科学、地球科学多学科、水利、气象学与大气科学、公共环境和职业健康、地球化学与地球物理学、环境研究、绿色可持续科技、工程地质、遥感、工程环境和自然地理。中国在灾害防治研究共涉及 68 个学科领域，主要分布在以下 12 个学科方向（论文数量大于 100 篇）：环境科学、地球科学多学科、水利、气象学与大气科学、工程地质、工程环境、遥感、地球化学与地球物理学、绿色可持续科技、公共环境和职业健康、环境研究和自然地理。中国在灾害防治领域较少涉及绿色可持续科技。从图 7.14 中可见，中国在灾害领域研究涉及的学科与全球趋势一致。

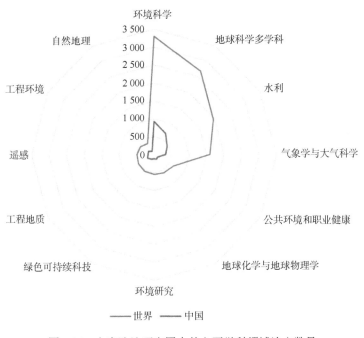

图 7.14 灾害防治研究国内外主要学科领域论文数量

2. 主要发文期刊

发文期刊体现了研究方向。统计的灾害防治研究领域发文期刊显示，中国作者发文期刊载文量在 30 篇以上的期刊共计 13 个，占总发文的 78.0%；全球作者发文期刊载文量在 70 篇以上的期刊共计 13 个，占总发文的 78.0%（表 7.3）。

表 7.3 SCIE 数据库中灾害防治主要发文期刊

发文数量	中国作者发文期刊	影响因子	发文数量	全球作者发文期刊	影响因子
87	INTERNATIONAL JOURNAL OF ENVIRONMENTAL RESEARCH AND PUBLIC HEALTH	2.849	461	INTERNATIONAL JOURNAL OF DISASTER RISK REDUCTION	2.896
87	SUSTAINABILITY	2.576	371	INTERNATIONAL JOURNAL OF ENVIRONMENTAL RESEARCH AND PUBLIC HEALTH	2.849

续表

发文数量	中国作者发文期刊	影响因子	发文数量	全球作者发文期刊	影响因子
86	REMOTE SENSING	4.509	362	SUSTAINABILITY	2.576
82	NATURAL HAZARDS	2.427	336	NATURAL HAZARDS	2.427
78	SCIENCE OF THE TOTAL ENVIRONMENT	6.551	259	REMOTE SENSING	4.509
68	INTERNATIONAL JOURNAL OF DISASTER RISK REDUCTION	2.896	229	WATER	2.544
67	ENVIRONMENTAL SCIENCE AND POLLUTION RESEARCH	3.056	218	SCIENCE OF THE TOTAL ENVIRONMENT	6.551
58	WATER	2.544	191	ENVIRONMENTAL SCIENCE AND POLLUTION RESEARCH	3.056
47	ENGINEERING GEOLOGY	4.779	120	ARABIAN JOURNAL OF GEOSCIENCES	1.327
47	ENVIRONMENTAL POLLUTION	6.793	109	LANDSLIDES	4.708
47	LANDSLIDES	4.708	101	NATURAL HAZARDS AND EARTH SYSTEM SCIENCES	3.102
45	JOURNAL OF CLEANER PRODUCTION	7.246	96	ENGINEERING GEOLOGY	4.779
40	ARABIAN JOURNAL OF GEOSCIENCES	1.327	94	CHEMOSPHERE	5.778

7.3.3　研究热点主题

基于关键词共现的方法，采用 Thomson Data Analyzer 软件，将论文的 Keywords Plus 字段经过机器与人工清洗，之后利用 VOSviewer 软件对论文核心主题词代表此主题中出现的高频主题词数据进行聚类；根据论文数据集大小设置一定共现频次和共现强度对关键词进行聚类。结合专家判读，分别对每个聚类进行命名和解读，对期刊发文主题进行识别和分析。

分析结果中的核心主题词平均被引频次代表包含此主题词的论文发文以来的平均被引频次；平均关联强度代表此主题概念包含的核心主题词间联系的紧密程度，主题关联强度越大，代表核心主题词间共现强度越大、研究越集中，反之则代表共现强度相对较低、研究较分散。

以 Keywords Plus 为分析字段，经过机器与人工清洗后，从 22 626 个关键词中选取出现频次大于 10 次的 355 个关键词作为分析对象，进行聚类计算。通过对这些论文中共现强度最大的核心主题词进行聚类，得到 4 个簇，每个聚类至少 40 个主题词，如图 7.15 所示。4 个热点研究主题为：水体、土壤与大气中的重金属引发的健康风险研究，基于地理信息系统的地质灾害监测研究，脆弱性视角下的自然灾害风险管理研究，气候变化引发极端天气气候事件研究。

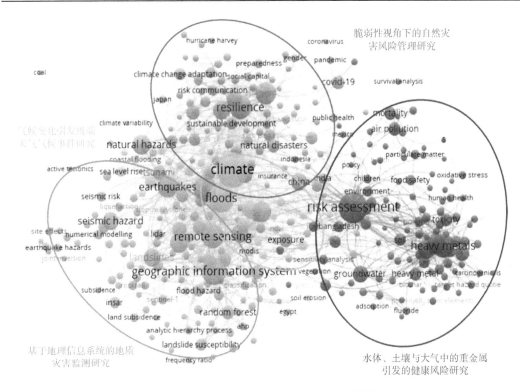

图 7.15　2020 年灾害防治领域研究主题分析

第8章 趋势与展望

8.1 趋　　势

防灾减灾是一项共同而紧迫的全球性挑战。世界各地现有的防灾减灾机构根据其目标和任务，从不同角度和层次为预防和减轻灾害做出贡献。了解这些机构目前的重点和进展，将有助于发现潜在的缺陷和不足，并为全球防灾减灾策略的及时调整和优化提供参考。

防灾减灾知识服务系统建设团队对全球代表性的防灾减灾机构开展了调研。该调研根据国际组织代表性、地理区域代表性、技术能力代表性、平台应用代表性和社会影响代表性等五个视角，共遴选来自亚洲、欧洲、北美洲、南美洲以及非洲等区域的 35 个机构，涉及国际组织、教育机构、研究机构、银行及保险公司等多种机构性质。然后采用网络搜索和文献分析的方法，重点分析相关机构的网站平台，获取各类基本信息。主要的信息包括机构名称、网址、机构性质、隶属关系、地理位置、机构组成、使命和愿景、目标、产品和服务、近期计划和重点以及有影响的服务案例等。在逐一机构调研、信息收集、资料整理的基础上，进行汇总分析，并结合讨论、梳理，发现以下 10 个主要趋势。

1. 强调和加强对《仙台框架》实施的全球监测、分析和协调

联合国防灾减灾署（UNDRR）的使命是将各国政府、合作伙伴和社区聚集在一起，减少灾害风险和损失，以确保一个更安全、可持续的未来。目标是加强《仙台框架》实施的全球监测、分析和协调；支持区域和国家《仙台框架》的实施；通过国家和伙伴促进行动。全球防灾减灾风险评估报告（*Global Assessment Report on Disaster Risk Reduction*）是一个有影响的系列报告产品（https://www.unisdr.org/）。UNDRR Scientific and Technical Advisory Group（STAG）通过在全球、区域和国家各级层面更好地理解科学技术和加强科学决策，为联合国减灾战略提供科学和技术咨询，并协调科学、研究和技术等机构在执行《仙台框架》方面的战略参与（https://www.undrr.org/implementing-sendai-framework-partners-and-stakeholders/ science-and-technology-action-group）。

2. 倡导和建立全球防灾减灾平台

防灾减灾全球平台（global platform for disaster risk reduction，GP）是由联合国大会设立的两年一度的多方利益攸关方论坛，旨在审查进展情况、分享知识并讨论减少灾害风险的最新发展和趋势。GP 是《仙台减少灾害风险框架（2015—2030 年）》监测和实施过程中的关键组成部分，目前已完成第六届（https://www.unisdr.org/）。日本东北大学灾害科学国际研究所（IRIDeS）连续主办了"世界减灾论坛"（Bosai Forum），通过灾害数据与信息的共享、灾害知识的传播教学，致力于构建一个具有良好抗灾能力的可持续社会（http://irides.tohoku.ac.jp/index.html）。

3. 推动多学科、综合的灾害科学研究

国际科学理事会重视科学应用于防灾减灾，其下属的 CODATA 和 WDS 促进开放科学的发展和有质量保证的科学数据服务。CODATA 建立有国际灾害数据共享工作组（https://codata.org/）。灾害风险综合研究计划（IRDR）设想通过自然、社会经济、健康和工程科学的结合，包括社会经济分析、理解传播的作用以及公共和政治应对措施，对自然和人为环境危害采取综合办法。筹建中的国际减灾科学联盟（IADRR）以"一带一路"自然灾害风险防范与综合减灾为核心，聚焦生态环境保护、协同减灾机制、可持续发展与人才培养等议题。日本京都大学防灾研究所从自然科学、工程学和人文科学和社会科学的角度，在地方到全球范围内开展与灾害有关的各种主题的基础研究，并通过组织跨学科小组开展符合社会需要的实用项目（http://www.dpri.kyoto-u.ac.jp/）。

4. 加强防灾减灾工程和信息技术的应用

世界工程组织联合会（WFEO）灾害风险管理委员会（CDRM）致力于发展和加强处理危险自然现象的全球科学家和工程师网络，通过科学和工程方法，促进了基于灾害风险管理的可持续和适应性发展，以预防、减少与自然灾害相关的全球气候变化下的灾害风险（https://www.wfeo.org/）。联合国灾害管理与应急响应空间信息平台的使命，是使发展中国家能够在灾害管理周期的所有阶段，预防、备灾、预警、应对和重建，利用天基信息，通过知识共享和加强空间技术使用，改进减少灾害风险或支持救灾行动（http://www.un-spider.org）。全球风险评估框架（GRAF）可以提高对当前和未来各种规模风险的理解和管理，能够识别异常和前兆信号以及风险和行为者之间的相关性和依赖性，可以向决策者提供相关规模的可操作的见解、工具和演示（https://www.preventionweb.net/disaster-risk/graf）。日本防灾科学技术研究所（NIED）提倡"研发成果最大化"，旨在实现一个每个成员都拥有技术支持的高水平的防灾能力的社会。通过寻求多领域的合作，构建了广泛应用的灾害监测-预测-模拟系统，并开展了信息交流与知识共享，以期保护人们免受自然灾害的侵害（http://www.bosai.go.jp/e/index.html）。

5. 加强防灾减灾监测和预警网络的建设与协调

联合国教科文组织（UNESCO）防灾减灾部门的使命包括知识交流网络、能力建设、政策建议和多学科方法等四个主题。2004 年 12 月 26 日印度洋海啸发生后，国际海洋学委员会开始协调开发印度洋、加勒比海、东北大西洋、地中海和相关海域的类似预警系统。UNESCO 启动的地震预警系统国际平台（IP-EEWS）旨在通过科学知识交流、国际合作和能力建设，促进和加强全球地震易发地区地震预警产品的创造和开发（http://www.unesco.org/new/en/natural-sciences/special-themes/disaster-risk-reduction/）。世界气象组织（WMO）的愿景是在天气、气候、水文和水资源及相关环境问题的专业领域及国际合作方面发挥世界领导作用，并借此为全世界人民的安康和福祉、各国的经济效益做出贡献。其战略计划中包括对具有大幅影响力的气象、水文及相关环境灾害的预警准确性和有效性的提升措施。

6. 关注防灾减灾的数据、信息和知识服务

由 WHO 和比利时政府支持的 EM-DAT 历史灾害数据库包含了 1900 年至今全球 22 000 多起大规模灾害发生和影响的基本核心数据，该数据库由联合国机构、非政府组织、保险公司、研究机构和新闻机构等不同来源汇编而成（http://www.emdat.be）。国际工程科技知识中心防灾减灾知识服务系统（IKCEST-DRRKS）的使命是为全球减灾防灾提供平台、技术、数据、教育、知识等方面的知识服务，积累防灾减灾数据库、产品库、知识库等科技和学术资源，长期为国际组织、政府机构、科研和教育机构、企业和社会公众提供相关信息和服务（http://drr.ikcest.org）。国际水灾与危害管理中心（ICHARM）的使命是作为全球水灾和风险管理示范中心，重点开展涉及水灾害数据的采集、存储、共享、统计，与水有关的灾害风险评估，监测和预测与水有关的灾害风险变化。国际滑坡协会（ICL）在适当的文化和社会背景下整合地球科学和技术，以评估城市、农村和发展中地区（包括文化和自然遗产地）的滑坡风险，并为保护自然环境和具有较高社会价值的地点做出贡献（http://icl.iplhq.org/）。

7. 加强国家、区域和地方的减灾实践

国际山地综合发展中心（ICIMOD）的使命是通过知识和区域合作，实现可持续和有恢复力的山区发展，以改善生计（http://www.icimod.org）。数字"一带一路"科学计划（DBAR）促进国际合作，使地球观测科学、数据、技术和应用成为应对环境和社会挑战并在"一带一路"地区实现可持续发展目标的不可或缺的组成部分（http://www.dbeltroad.org/）。中国−巴基斯坦地球科学研究中心致力于解决"中巴经济走廊"灾害风险防控科技难题，提高生态环境保护与自然资源高效科学利用水平。马来西亚东南亚防灾研究计划（SEADPRI-UKM）在国家和区域两级对灾害进行全面研究，并加强资源的配置（http://www.ukm.my/seadpri/）。

8. 从纯粹的灾害防护到风险管理的范式转变

不同的利益相关方积极为防灾减灾提供风险前移的服务。瑞士国家自然灾害管理委员会强调提高风险管理的转变，有影响的服务案例包括莱茵河沿岸 Wallbach（AG）建筑物的移动式防洪保护、比斯（Bis）冰川陡峭区域的警报系统会触发警报以及图恩救济隧道等（http://www.planat.ch/en/home/）。慕尼黑再保险公司拥有卓越的创新实力，为发生的不确定灾害提供保险（http://www.munichre.com）。瑞士再保险公司为全球客户提供风险转移、风险融资及资产管理等金融服务（https://www.swissre.com）。

9. 多种方式促进防灾减灾国际合作

英国全球挑战研究基金的愿景是创造新的知识和推动创新，以确保帮助世界各地的每个人都能获得粮食、健康、教育、设施、能源等资源（https://www.ukri.org/research/global-challenges-research-fund/）。贝尔蒙特论坛致力于促进跨学科科学发展的合作伙伴关系，以防灾、减灾和抗灾（DR3）（http://www.belmontforum.org/opportunities/）。世界银行向

发展中国家提供低息贷款、无息贷款和赠款，用于支持对教育、卫生、公共管理、基础设施、金融和私营部门发展、农业以及环境和自然资源管理等诸多领域的投资，在实施防洪和森林防火措施方面，设计有专门的灾害管理项目（https://www.shihang.org/）。

10. 培养防灾减灾领域青年和青年科学家

Periperi U 是非洲大学的伙伴关系，横跨整个非洲大陆，致力于建设当地与灾害风险相关的能力。Periperi U 最近被灾害风险科学综合研究委员会认定为国际风险教育和学习卓越中心（ICoE REaL），已与 11 个非洲学术机构建立伙伴关系（http://www. riskreductionafrica. org/）。四川大学-香港理工大学灾后重建与管理学院致力于成为国际减灾及重建的交流中心、跨学科及跨专业的合作平台、全方位的综合性学院以及前瞻性和持续性的教育基地（http://idmr.scu.edu.cn/index.htm）。U-INSPIRE Alliance 的使命是培养青年和青年专业人员，使其成为国家和全球层面抗灾能力的科学、工程和技术创新的推动者（http://uinspire.id/）。IKCEST-DRRKS 和 DBAR 多次组织防灾减灾知识服务和灾害大数据技术国际培训。

8.2 展　　望

防灾减灾知识服务是一个长期的、以用户为目标的应用体系。随着新仪器、新技术、新方法等的产生，知识服务的内涵将不断得到演化和延伸。结合当前数据驱动科学的发展和大数据时代的发展趋势，提出以下五方面的知识服务展望。

1. 基于知识组织的灾害数据管理

灾害数据涉及卫星观测数据、地面台站检测数据、经济社会数据、舆情数据、公众报告数据、灾害灾情报告和灾害模拟数据等大量异构类型的数据，包括结构化、半结构化和非结构化数据。有效的灾害数据管理是实现灾害知识服务的基础和保障。针对当前"一带一路"六大经济走廊数据平台建设的现实需求，破解六大经济走廊复杂环境条件多源异构信息同化难题，开展数据规范化集成。首先亟需建立一个可靠的分类标准，能够在实际应用中保证数据的有效分类，促进数据发现。基于灾害数据分类，利用基于语义的标签提取技术，找到各灾害数据的归属，借鉴本体模型中实体之间的关系，建立不同灾害数据间的关联关系，完善自然灾害知识体系建设，实现知识体系可视化，提高检索效率。

2. 基于数据共享的灾害资源导航

灾害元数据是有关灾害领域数据的描述性信息，是关于灾害数据的标识、内容、分发、参考等方面特征的描述信息。灾害元数据库是管理各类灾害资源的基础，是实现灾害知识服务的依托载体之一。现阶段灾害领域元数据标准研究已有一定的基础，但缺少面向知识服务的元数据结构框架的支撑。面对海量的灾害数据，元数据不仅能够满足基础的数据描述，还可提供全球灾害资源导航服务，为深度分析等高附加值知识服务提供更多支撑。基于该元数据框架，构建灾害数据资源的知识图谱，能够有效集成共享的海量异构数据资源，并在实体及其属性之间建立关联关系，提升灾害数据语义检索、个性化推荐、关联分析等功能。

3. 数据驱动的灾害信息产品

在推动开展国际防灾减灾的背景下，"一带一路"沿线区域基于数据驱动的灾害信息产品不断涌现。通过基础物理模型、信息/灾害指数等，已经产生了一些实现"一带一路"沿线国家和地区的灾害风险评估产品。例如，利用综合致灾因子强度指数和综合自然灾害脆弱性模型，定量评价沿线国家和地区的自然灾害风险（谢慧芬，2011）；利用健康脆弱性指数（health vulnerability index）的灾害风险模型，分析"一带一路"沿线区域国家的健康脆弱性和灾害风险的分布情况（王福涛等，2016）；应用四级指标体系构建的滑坡灾害风险评估模型，实现"一带一路"地区的滑坡灾害评估（肖波等，2013）等。随着数据、方法、模型的不断演替更新，基于数据驱动的灾害信息产品将是防灾减灾知识服务的重要内容和出口。

4. 面向应急的快速灾害制图

灾害管理周期包括灾害准备、灾害应急反应和灾害恢复三个阶段，其中灾害应急反应是关键阶段。快速灾害制图是进行应急救援、灾情评估、灾后重建等活动的有力手段。在内容上，快速灾害制图需要准确定位、标识灾情地理范围以及灾情范围内交通路线、居民地、水系、管网、植被、地形地貌等地表、地质的基本情况，以便进行灾情评估、应急指挥调度等；在时间上，快速灾害制图要求有较高的时效性，图件提供速度的快慢，对于灾情掌控及应急救援部署有着重要的作用（邓晓斌，2017）。传统灾害制图包括地理底图的数据整理与地图综合、专题要素的版式设计、符号设计与色彩设计等繁杂的工艺流程，出图效率与应急响应时效要求还有较大差距。考虑将机器学习等人工智能技术应用到灾害快速制图流程中，处理海量多源异构的灾害数据，缩短制图时间，提高制图效率，以便增强数据的时效性，及时了解灾情，尽可能减少灾害带来的损失。

5. 社交媒体灾害数据挖掘应用

随着互联网的快速发展，微博、Twitter等社会化媒体的影响力逐渐扩大，随着基于位置服务（location based services，LBS）的普及，海量的含有地理位置信息的社交媒体数据呈爆炸性增长。数量庞大的社交媒体用户不仅是信息的接收者，也是信息的发布者和传播者。这种新兴、廉价和广泛使用的"人类传感器"（human sensor）技术为从社交媒体数据中发现地理知识和分析人类行为提供了新的可能性（张海涛，2010）。社交媒体作为移动互联网载体，具有实时性、互动性、强扩散性、空间分布广泛性等特点，将社交媒体数据与不同的领域知识相结合可以研究和挖掘不同的信息（徐锡珍，2011）。社交媒体数据结合社会学知识，可以探索人类不同的活动模式。在灾害管理方面，社交媒体数据可用于快速检测灾害事件的发生变化过程，并可以通过灾害舆情分析，掌握灾前、灾中、灾后民众的情绪变化及其关注点，为政府及时响应、疏解和解决群体性或个性防灾减灾问题提供信息支撑。

参 考 文 献

安璐，梁艳平. 2019. 突发公共卫生事件微博话题与用户行为选择研究. 数据分析与知识发现，3(4)：37-45.

白华，林勋国. 2016. 基于中文短文本分类的社交媒体灾害事件检测系统研究. 灾害学，31(2)：19-23.

曹彦波，毛振江. 2017. 基于微博数据挖掘的九寨沟 7.0 级地震灾情时空特征分析. 中国地震，33(4)：613-625.

常捷. 2010. 地震元数据标准及管理构建研究. 南京：南京理工大学.

陈举，施平，王东晓，等. 2005. TRMM 卫星降雨雷达观测的南海降雨空间结构和季节变化. 地球科学进展，20(1)：29-35.

陈晓慧，刘俊楠，徐立，等. 2020. COVID-19 病例活动知识图谱构建——以郑州市为例. 武汉大学学报(信息科学版)，45(6)：816-825.

陈瑗瑗，高勇. 2017. 利用社交媒体的位置潜语义特征提取与分析. 地球信息科学学报，19(11)：1405-1414.

陈喆民，王晓锋. 2007. 海洋核心元数据标准初探. 现代计算机月刊，4(6)：120-122.

陈梓，高涛，罗年学，等. 2017. 反映自然灾害时空分布的社交媒体有效性探讨. 测绘科学，42(8)：48-52，133.

邓晓斌. 2017. 无人机摄影测量在地质灾害应急测绘保障中的应用. 建材与装饰，4(45)：188-189.

杜志强，李钰，张叶廷，等. 2020. 自然灾害应急知识图谱构建方法研究. 武汉大学学报(信息科学版)，45(9)：1344-1355.

方凌云，王侃. 2008. 网络自主学习系统中个性化知识推送服务. 高等工程教育研究，4(5)：145-148.

冯春英，郝媛玲. 2012. 知识服务视角下的学科信息综合服务平台构建. 图书馆学研究，4(16)：70-74.

国家信息中心"一带一路"大数据中心. 2016. "一带一路"大数据报告(2016). 全国新书目，4(11)：28.

韩兰英，张强，姚玉璧，等. 2014. 近 60 年中国西南地区干旱灾害规律与成因. 地理学报，69(5)：632-639.

韩雪华，王卷乐，卜坤，等. 2018. 基于 Web 文本的灾害事件信息获取进展. 地球信息科学学报，20(8)：1037-1046.

胡媛，陈琳，艾文华. 2017. 基于知识聚合的数字图书馆社区集成推送服务组织. 图书馆学研究，4(19)：9-17.

蒋秉川，游雄，李科，等. 2020. 利用地理知识图谱的 COVID-19 疫情态势交互式可视分析. 武汉大学学报(信息科学版)，45(6)：836-845.

蒋桂芹. 2013. 干旱驱动机制与评估方法研究. 北京：中国水利水电科学研究院.

李宝林，周成虎. 2002. 东北平原西部沙地沙质荒漠化的遥感监测研究. 遥感学报，6(2)：117-122.

李德仁，张良培，夏桂松. 2014. 遥感大数据自动分析与数据挖掘. 测绘学报，43(12)：1211-1216.

李刚，许倩英，刘惠瑾. 2009. 城市抗震防灾规划元数据标准研究——基础设施元数据模型. 中国城市规划年会：4338-4345.

李利. 2014. 地质灾害应急信息资源元数据模型构建研究. 南昌：南昌大学.

李晓鹏，颜端武，陈祖香. 2010. 国内外知识服务研究现状、趋势与主要学术观点. 图书情报工作，54(6)：

107-111.

李一凡, 王卷乐, 祝俊祥. 2016. 基于地理分区的蒙古国景观格局分析. 干旱区地理, 39(4): 817-827.

李泽荃, 徐淑华, 李碧霞, 等. 2019. 基于知识图谱的灾害场景信息融合技术. 华北科技学院学报, 16(2): 1-5.

梁春阳, 汪玮杨, 张文富, 等. 2018. 社交媒体数据对反映台风灾害时空分布的有效性研究. 地球信息科学学报, 20(6): 807-816.

林晶晶. 2015. DOA 下地质灾害监测数据的元数据规范初步研究. 成都: 成都理工大学.

刘保麟. 2015. Python 文本解析研究和比较. 电脑编程技巧与维护, 4(9): 14-15, 23.

刘春年, 张曼, 李利. 2014. 应急领域元数据标准比较及其实例化研究——以泥石流灾害为例. 图书馆学研究, 4(21): 32, 56-63.

陆锋, 余丽, 仇培元. 2017. 论地理知识图谱. 地球信息科学学报, 19(6): 723-734.

苗立志, 伍蓝, 李振龙, 等. 2010. 多源分布式 CSW 和 WMS 地理信息服务集成与互操作. 地理与地理信息科学, 26(3): 11-14.

裴惠娟. 2016. 2015 年全球自然灾害以气象灾害为主导. 资源环境科学动态监测快报, 5: 11-12.

戚建林. 2003. 论图书情报机构的信息服务与知识服务. 河南图书馆学刊, 4(2): 37-38.

仇林遥. 2017. 面向自然灾害应急任务的时空数据智能聚合方法. 武汉: 武汉大学.

宋关福, 钟耳顺, 王尔琪. 1998. WebGIS——基于 Internet 的地理信息系统. 中国图像图形学报, 4(3): 83-86.

苏凯, 程昌秀, 张婷. 2019. 主题模型在基于社交媒体的灾害分类中的应用及比较. 地球信息科学学报, 21(8): 1152-1160.

孙智辉, 王治亮, 曹雪梅, 等. 2014. 3 种干旱指标在陕西黄土高原的应用对比分析. 中国农学通报, 30(20): 308-315.

陶坤旺, 赵阳阳, 朱鹏, 等. 2020. 面向一体化综合减灾的知识图谱构建方法. 武汉大学学报(信息科学版), 45(8): 1296-1302.

王富强. 2010. 蒙古国草原畜牧业可持续发展研究. 呼和浩特: 内蒙古大学.

王福涛, 王世新, 周艺, 等. 2016. 高分辨率多光谱的芦山地震次生地质灾害遥感监测与评估. 光谱学与光谱分析, 36(1): 181-185.

王卷乐, 曹晓明, 王宗明, 等. 2018a. 蒙古国土地覆盖与环境变化. 北京: 气象出版社: 171.

王卷乐, 程凯, 祝俊祥, 等. 2018b. 蒙古国 30 米分辨率土地覆盖产品研制与空间分局分析. 地球信息科学学报, 20(9): 1263-1273.

王卷乐, 韩雪华, 卜坤, 等. 2020. 防灾减灾知识服务系统及其应用研究. 全球变化数据学报, 4(1): 25-32.

王卷乐, 游松财, 谢传节. 2005. 地学数据共享中的元数据标准结构分析与设计. 地理与地理信息科学, 21(1): 16-18.

王卷乐, 张敏, 袁月蕾, 等. 2020. 知识服务驱动"一带一路"防灾减灾. 科技导报, 598(16): 98-106.

王曙. 2018. 自然语言驱动的地理知识图谱构建方法研究. 南京: 南京师范大学.

王义桅. 2015. "一带一路"机遇与挑战. 北京: 中国人民大学出版社.

王玉洁, 卜坤, 王卷乐. 2018. 基于开源 Pycsw 的灾害元数据管理系统设计与原型实现. 科研信息化技术与应用, 9(2): 60-70.

王酉. 2015. 突发事件的微博网络测量和话题趋势预测模型的研究与实现. 北京: 北京邮电大学.

吴晓天. 2003. 草地沙化遥感监测方法研究及应用. 北京: 中国农业科学院.

裴江南，刘丽丽，许晶，等.2012. 应急领域的通用元数据标准研究. 情报杂志，31(6): 149-155.

肖波，朱兰艳，黎剑，等. 2013. 无人机低空摄影测量系统在地质灾害应急中的应用研究——以云南洱源特大山洪泥石流为例. 价值工程，32(4): 281-282.

肖珑，陈凌，冯项云，等. 2001. 中文元数据标准框架及其应用. 大学图书馆学报，19(5): 29-35.

肖振生. 2016. 数说"一带一路". 北京：商务印书馆：160.

谢慧芬. 2011. 遥感技术在地质灾害监测和治理中的应用. 测绘与空间地理信，34(3): 242-243, 247.

徐榕焓，徐士进，董少春. 2012. 基于 GIS 的历史自然灾害数据库设计与实现. 测绘科学，37(1): 85-88.

徐锡珍. 2011. Mobile GIS 技术在灾害数据采集中的应用. 国际地震动态，4(5): 33-38.

杨青山. 1994. 蒙古对外开放基础与开放潜势分析. 世界经济，(9): 73-76.

杨腾飞，解吉波，李振宇，等. 2018. 微博中蕴含台风灾害损失信息识别和分类方法. 地球信息科学学报，20(7): 906-917.

叶笃正. 1996. 长江黄河流域旱涝规律和成因研究. 济南：山东科学技术出版社，388.

曾永年，向南平，冯兆东，等. 2006. Albedo-NDVI 特征空间及沙漠化遥感监测指数研究. 地理科学，26(1): 75-81.

张超. 2006. 地理信息系统应用教程. 北京：科学出版社，262.

张春景. 2003. 浅议元数据与文献编目应用于信息组织的异同. 现代情报，23(6): 14-15.

张海涛. 2010. 移动 GIS 的地理空间信息分发和可视化. 计算机工程与应用，46(3): 67-68.

张红月. 2018. 自然灾害事件的数据依赖性研究. 北京：中国科学院大学.

张磊，周洪建. 2019. 防灾减灾救灾体制机制改革的政策分析. 风险灾害危机研究，4(1): 36-51.

张晓林. 2000. 走向知识服务：寻找新世纪图书情报工作的生长点. 中国图书馆学报，26(5): 32-37.

张晓林. 2001. 走向知识服务. 成都：四川大学出版社，110-112.

张雪英，张春菊，吴明光，等. 2020. 顾及时空特征的地理知识图谱构建方法. 中国科学：信息科学，50(7): 1019-1032.

张颖. 2016. "一带一路"防灾减灾亟待破题. 国际金融报，9.

赵冲冲，王塞，朗长军. 2009. XML 格式领域数据传输的优化技术研究. 计算机科学，36(8): 185-188.

中国新闻网. 2015. 联合国：全球每年因自然灾害损失高达 3 千亿美元. http://www.chinanews.com/gj/2015/03-05/7104479. shtml[2020-07-22].

中华人民共和国民政部. 2018. 民政部国家减灾办发布 2017 年全国自然灾害基本情况. http://www.mca.gov. cn/article/xw/mzyw/201802/20180215007709. shtml [2018-02-11].

中国国家标准化管理委员会. 2016. 中华人民共和国国家标准：气象干旱等级. 北京：中国标准出版社.

朱庆，曾浩炜，丁雨淋，等. 2019. 重大滑坡隐患分析法综述. 测绘学报，(12): 1551-1561.

朱震达，王涛. 1990. 从若干典型地区的研究对近十余年来中国土地沙漠化演变趋势的分析. 地理学报，4(4): 430-440.

宗乾进，杨淑芳，谌莹，等. 2017. 突发性灾难中受灾地区社交媒体用户行为研究——基于对"天津 8·12 爆炸"相关微博日志的内容分析和纵向分析. 信息资源管理学报，7(1): 13-19, 105.

Abburu S, Golla S B. 2018. Ontology and NLP support for building disaster knowledge base// 2017 2nd International Conference on Communication and Electronics Systems(ICCES). IEEE.

Anonymous. Open Geospatial Consortium, Inc. 2009. The OGC(R) Seeks Participants for Authentication Interoperability Experiment. Telecommunications Business.

Bakillah M, Li R Y, Liang S H L. 2015. Geo-located community detection in Twitter with enhanced fast-greedy optimization of modularity: the case study of typhoon Haiyan. International Journal of Geographical Information Science, 29(2): 258-279.

Bastrakova I V, Ardlie N, Regan J. 2013. Geoscience Australia Community Metadata Profile of ISO 19115: 2005.

Brouwer T, Eilander D, Van Loenen A, et al. 2017. Probabilistic flood extent estimates from social media flood observations. Natural Hazards & Earth System Sciences, 17(5).

Cameron M A, Power R, Robinson B, et al. 2012. Emergency situation awareness from twitter for crisis management. In: Proceedings of the 21st International Conference on World Wide Web. ACM: 695-698.

Cervone G, Sava E, Huang Q, et al. 2016. Using Twitter for tasking remote-sensing data collection and damage assessment: 2013 Boulder flood case study. International Journal of Remote Sensing, 37(1): 100-124.

Chae J, Thom D, Jang Y, et al. 2014. Public behavior response analysis in disaster events utilizing visual analytics of microblog data. Computers & Graphics, 38: 51-60.

Che X, Yang Y, Feng M, et al. 2017. Mapping extent dynamics of small lakes using downscaling MODIS surface reflectance. Remote Sensing, 9(1).

Crooks A, Croitoru A, Stefanidis A, et al. 2013. Earthquake: twitter as a distributed sensor system. Transactions in GIS, 17(1): 124-147.

Dahal B, Kumar S A P, Li Z. 2019. Topic modeling and sentiment analysis of global climate change tweets. Social Network Analysis and Mining, 9(1): 24.

Danko D M. 2005. ISO TC211/Metadata. Geo-information Standards in Action, 2005: 11.

Daniel H, Philipp S, Johann S, et al. 2011. A Novel Combined Term Suggestion Service for Domain-Specific Digital Libraries. Berlin:15th International Conference on Theory and Practice of Digital Libraries, 6966:192-203.

De Albuquerque J P, Herfort B, Brenning A, et al. 2015. A geographic approach for combining social media and authoritative data towards identifying useful information for disaster management. International Journal of Geographical Information Science, 29(4): 667-689.

Dian A, Noviyanti P. Social Media Analysis: Utilization of Social Media Data fo Research on COVID-19. 2020.

Dorasamy, M, Raman M, et al. 2010. Knowledge management services innovation. Data Engineering and Management, (7): 9-15.

Fayyad U, Piatetsky-Shapiro G, Smyth P. 1996. The KDD process for extracting useful knowledge from volumes of data. Comunications of the ACM, 39(11): 27-34.

Field C B, Barros V, Stocker T F, et al. 2012. Managing the risks of extreme events and disasters to advance climate change adaptation. Special Report of the Intergovernmental Panel on Climate Change. Journal of Clinical Endocrinology & Metabolism, 18(6): 586-599.

Fohringer J, Dransch D, Kreibich H, et al. 2015. Social media as an information source for rapid flood inundation mapping. Natural Hazards and Earth System Sciences, 15(12): 2725-2738.

Gelernter J, Balaji S. 2013. An algorithm for local geoparsing of microtext. GeoInformatica, 17(4): 635-667.

Google. 2013. The GDELT Project. https: //www. gdeltproject. org[2020-11-11].

Göttsche F M, Olesen F S. 2001. Modelling of diurnal cycles of brightness temperature extracted from

Meteosat data. Remote Sensing of Environment, 76(3): 337-348.

Gruebner O, Lowe S, Sykora M, et al. 2018. Spatio-temporal distribution of negative emotions in New York City after a natural disaster as seen in social media. International Journal of Environmental Research and Public Health, 15(10): 2275.

Guha-Sapir D, Hoyois P H, Wallemacq P, et al. 2017. Annual Disaster Statistical Review 2016: The Numbers and Trends.

Han J, Huang Y, Kumar K, et al. 2018. Time-varying dynamic topic model: a better tool for mining microblogs at a global level. Journal of Global Information Management(JGIM), 26(1): 104-119.

Han X H, Wang J L. 2019. Using social media to mine and analyze public sentiment during a disaster: a case study of the 2018 shouguang city flood in China. ISPRS Int J Geo-Inf, 8: 185.

Han X H, Wang J L, Zhang M, et al. 2020. Using social media to mine and analyze public opinion related to COVID-19 in China. Int J Environ Res Public Health, 17: 2788.

Hassan A B, Abbed B. 2005. Developing the earthquake markup language and database with UML and XML schema. Computers & Geosciences, 31(9): 1120-1175.

He X, Lin Y R. 2017. Measuring and monitoring collective attention during shocking events. EPJ Data Science, 6(1): 30.

Hienert D, Schaer P, Schaible J, et al. 2011. A novel combined term suggestion service for domain specific digital libraries// International Conference on Theory and Practice of Digital Libraries. 192-203.

Houston J B, Hawthorne J, Perreault M F, et al. 2015. Social media and disasters: a functional framework for social media use in disaster planning, response, and research. Disasters, 39(1): 1-22.

Iannella R, Robinson K. 2006. Tsunami warning markup language(TWML). http://xml. coverpages. org/ TsunarniWarningML-Vl0-20060725. pdf[2010-12-20].

Imran M, Mitra P, Castillo C. 2016. Twitter as a lifeline: Human-annotated twitter corpora for NLP of crisis-related messages. In Proceedings of the 10th Language Resources and Evaluation Conference(LREC). 23–28 May, 1638-1643.

Innerebner M, Costa A, Chuprikova E, et al. 2016. Organizing earth observation data inside a spatial data infrastructure. Earth Science Informatics, 10(1): 1-14.

Jiang Y, Li Z, Cutter S L. 2019. Social network, activity space, sentiment, and evacuation: hat can social Media Tell Us? Annals of the American Association of Geographers, 109(6): 1-16.

Kryvasheyeu Y, Chen H, Moro E, et al. 2015. Performance of social network sensors during Hurricane Sandy. PLoS one, 10(2): e0117288.

Lamchin M, Lee W K, Jeon S, et al. 2017. Correlation between desertification and environmental variables using remote sensing techniques in Hogno Khaan, Mongolia. Sustainability, 9(4): 581.

Li W, Zhu J, Zhang Y, et al. 2020. An on-demand construction method of disaster scenes for multilevel users. Natural Hazards: Journal of the International Society for the Prevention and Mitigation of Natural Hazards, 101: 409-428.

Li S G, Harazono Y, Oikawa T, et al. 2000. Grassland desertification by grazing and the resulting micrometeorological changes in Inner Mongolia. J. Agric. For. Meteorol. 102：125-137.

Li Z, Wang C, Emrich C T, et al. 2018. A novel approach to leveraging social media for rapid flood mapping: a case study of the 2015 South Carolina floods. Cartography and Geographic Information Science, 45(2):

97-110.

Maxwell E M. 2012. Motivations to tweet: A uses and gratifications perspective of Twitter use during a natural disaster. Uscaloosa, Alabama: The University of Alabama, 1-85.

Media Data for research on COVID-19. 2020. https: //www. researchgate. net/publication/340511574.

Neppalli V K, Caragea C, Squicciarini A, et al. 2017. Sentiment analysis during Hurricane Sandy in emergency response. International Journal of Disaster Risk Reduction, 21: 213-222.

Ogie R I, Forehead H, Clarke R J, et al. 2018. Participation patterns and reliability of human sensing in crowd-sourced disaster management. Information Systems Frontiers, 20(4): 713-728.

Pohl D, Bouchachia A, Hellwagner H. 2012. Automatic sub-event detection in emergency management using social media. In: Proceedings of the 21st International Conference on World Wide Web. ACM: 683-686.

Preis T, Moat H S, Bishop S R, et al. 2013. Quantifying the digital traces of Hurricane Sandy on Flickr. Scientific Reports, 3: 3141.

Purohit H, Kanagasabai R, Deshpande N. 2019. Towards next generation knowledge graphs for disaster management// 2019 IEEE 13th International Conference on Semantic Computing(ICSC).

Qu Y, Huang C, Zhang P, et al. 2011. Microblogging after a major disaster in China: A case study of the 2010 Yushu earthquake. Proceedings of the 2011 ACM Conference on Computer Supported Cooperative Work, CSCW 2011, Hangzhou, China, March 19-23, ACM.

Quan J, Zhan W, Chen Y, et al. 2016. Time series decomposition of remotely sensed land surface temperature and investigation of trends and seasonal variations in surface urban heat islands. Journal of Geophysical Research Atmospheres, 121.

Resch B, Florian Usländer, Havas C. 2017. Combining machine-learning topic models and spatiotemporal analysis of social media data for disaster footprint and damage assessment. Cartography and Geographic Information Science, (8): 1-15.

Rosser J F, Leibovici D G, Jackson M J. 2017. Rapid flood inundation mapping using social media, remote sensing and topographic data. Natural Hazards, 87(1): 103-120.

Rudnik C, Ehrhart T, Ferret O, et al. 2019. Searching news articles using an event knowledge graph leveraged by Wikidata. The Web Conference.

Saffari A, Leistner C, Santner J, et al. 2009. On-line random forests. In Proceedings of the 2009 IEEE 12th International Conference on Computer Vision Workshops(ICCV Workshops).

Santer B D, Wigley T M L, Boyle J S, et al. 2000. Statistical significance of trends and trend differences in layer-average atmospheric temperature time series. Journal of Geophysical Research Atmospheres, 105(27): 7337-7356.

Sharma V K, Amminedu E, Rao G S, et al. 2018. Assessing the potential of open-source libraries for managing satellite data products—A case study on disaster management. Geographic Information Sciences, 23(1): 55-65.

Sibolla B, Van Zyl T, McFerren G, et al. 2014. Adding temporal data enhancements to the advanced spatial data infrastructure platform.

Song J, Di L. 2017. Near-Real-Time OGC catalogue service for geoscience big data. International Journal of Geo-Information, 6(11): 337.

Sun S, Iannella R, Robinson K. 2006. Cyclone Warning Markup Language(CWML). http: //xml. covrpages.

org/NICTA-CWML-vl 0-2006. pdf[2010-12-22].

Tyshchuk Y, Wallace W A. 2018. Modeling human behavior on social media in response to significant events. IEEE Transactions on Computational Social Systems, 5(2): 444-457.

UNDRR. 2020. Human Cost of Disasters 2000-2019[EB/OL]. (2020-10-12). https://www. undrr.org /publication/human-cost-disasters-2000-2019[2021.8.26].

UNISDR, CRED. 2016. 2015 Disasters in Numbers. Unisdr Publications.

Verbesselt J. 2010. Detecting trend and seasonal changes in satellite image time series. Remote Sensing of Environment, 114(1): 106-115.

Verbesselt J, Zeileis A. Herold M. 2012. Near real-time disturbance detection using satellite image time series. Remote Sensing of Environment, 123(123): 98-108.

Vieweg S, Hughes A L, Starbird K, et al. 2010. Microblogging during two natural hazards events: what twitter may contribute to situational awareness. Sigchi Conference on Human Factors in Computing Systems. ACM, 1079-1088.

West Jr L A, Hess T J. 2002. Metadata as a knowledge management tool: supporting intelligent agent and end user access to spatial data. Decision Support Systems, 32(3): 247-264.

Wang J, Bu K, Yang F, et al. 2019. Disaster risk reduction knowledge service: A paradigm shift from disaster data towards knowledge services. Pure and Applied Geophysics, 177: 135-148.

Wang Y, Hou X. 2018a. A method for constructing knowledge graph on address tree. 2018 5th International Conference on Systems and Informatics (ICSAI): 305-310.

Wang Y, Taylor J E. 2018b. Coupling sentiment and human mobility in natural disasters: a Twitter-based study of the 2014 South Napa Earthquake. Natural Hazards, 92(2): 907-925.

Wang Y, Wang T, Ye X, et al. 2016a. Using social media for emergency response and urban sustainability: A case study of the 2012 Beijing rainstorm. Sustainability, 8(1): 25.

Wang Y, Yan X. 2017. Climate change induced by southern hemisphere desertification. Physics and Chemistry of the Earth. 102, 40-47.

Wang Z, Ye X, Tsou M H. 2016b. Spatial, temporal, and content analysis of Twitter for wildfire hazards. Natural Hazards, 83(1): 523-540.

Wei H, Wang J, Cheng K, et al. 2018. Desertification information extraction based on feature space combinations on the mongolian plateau. Remote Sensing, 10(10).

West Jr L A, Hess T J. 2002. Metadata as a knowledge management tool: supporting intelligent agent and end user access to spatial data. Decision Support Systems, 32(3): 247-264.

Wilhite D A. 2000. Drought as a natural hazard: Concepts and definitions. Drought A Global Assessment, 1: 3-18.

Xing W, Dikaiakos M D, Yang H, et al. 2005. A grid-enabled digital library system for natural disaster metadata// Advances in Grid Computing - EGC 2005: 516-526.

Xing W, Dikaiakos M D, Yang H, et al. 2005. Building a distributed digital library for natural disasters metadata with grid services and RDF. Library Management, 26(4/5): 230-245.

Xu Z, Zhang Y, Wu Y, et al. 2012. Modeling user posting behavior on social media. Proceedings of the 35th International ACM SIGIR Conference on Research and Development in Information Retrieval. ACM, 545-554.

Ye X, Li S, Yang X, et al. 2016. Use of social media for the detection and analysis of infectious diseases in China. ISPRS Int J Geo-Inf. 5: 156.

Yin J, Karimi S, Lampert A, et al. 2015. Using social media to enhance emergency situation awareness. Twenty-fourth International Joint Conference on Artificial Intelligence.

Zeileis A, Kleiber C, Krämer W, et al. 2002. Testing and dating of structural changes in practice. Computational Statistics & Data Analysis, 44(1-2): 109-123.

Zhang Y, Zhu J, Zhu Q, et al. 2020. The construction of personalized virtual landslide disaster environments based on knowledge graphs and deep neural networks. International Journal of Digital Earth, (10): 1-19.

Zhu J, Xiong F, Piao D, et al. 2011. Statistically modeling the effectiveness of disaster information in social media. 2011 IEEE Global Humanitarian Technology Conference. IEEE, 431-436.

Zou L, Lam N S N, Shams S, et al. 2019. Social and geographical disparities in Twitter use during Hurricane Harvey. International Journal of Digital Earth, 12(11): 1300-1318.